国家能源集团"煤炭清洁高效利用"
————— 2030重大先导项目

碳中和下中国能源转型
与煤炭清洁高效利用丛书

碳中和下
煤炭清洁高效利用
与经济社会转型发展

Toward Carbon Neutrality:
Clean and Efficient Use of Coal,
Transformation and
Development of
Economic Society

姜大霖
于　淼　等著
陈　语

化学工业出版社
·北京·

内容简介

本书在研判全球气候治理、中国能源转型、煤基能源发展的基础上，通过构造中国煤基能源全流程 CCUS 系统评价模型（ITEAM-CCUS）、中国能源可计算一般均衡模型（CHINAGEM-E，CGE）等方法工具，深入探讨中国煤基能源 CCUS 技术经济可行性及其对碳中和目标下我国能源转型路径和经济社会发展的综合影响。提出碳约束下中国能源转型优化路径的煤炭行业解决方案，为煤基产业协同发展、绿色发展和创新发展提供战略支撑和方向引领。

本书适用于政府相关管理部门、政策研究者、能源企业，以及对碳达峰、碳中和背景下我国能源中长期转型路径及煤炭在未来能源结构中作用与定位具有一定兴趣的读者阅读。

图书在版编目（CIP）数据

碳中和下煤炭清洁高效利用与经济社会转型发展 / 姜大霖等著 . —北京：化学工业出版社，2023.9
（碳中和下中国能源转型与煤炭清洁高效利用丛书）
ISBN 978-7-122-43565-1

Ⅰ.①碳… Ⅱ.①姜… Ⅲ.①清洁煤 - 煤炭资源 - 资源利用 - 研究 - 中国②中国经济 - 转型经济 - 研究 Ⅳ.①TQ536②F123.9

中国国家版本馆 CIP 数据核字（2023）第 093601 号

- -

责任编辑：冉海滢 曹家鸿
责任校对：宋 玮
装帧设计：王晓宇

- -

出版发行：化学工业出版社
　　　　　（北京市东城区青年湖南街13号 邮政编码100011）
印　　装：中煤（北京）印务有限公司
710mm×1000mm 1/16 印张11¼ 字数150千字
2023年8月北京第1版第1次印刷

- -

购书咨询：010-64518888 售后服务：010-64518899
网　　址：http://www.cip.com.cn
凡购买本书，如有缺损质量问题，本社销售中心负责调换。

- -

定　　价：99.00元　　　　　　　　　版权所有　违者必究

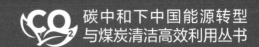

丛书编委会名单

主　任	孙宝东　蒋文化

副主任	王雪莲　李瑞峰　李全生　倪　炜

顾　问	戴彦德　胡秀莲　丁日佳　刘　宇　柴麟敏

委　员　（按姓氏汉语拼音排序）

蔡　斌　陈诗一　陈　语　冯晟昊　胡时霖
姜大霖　蒋文化　赖业宁　李　锴　李全生
李瑞峰　李　杨　李志青　林伯强　林圣华
毛亚林　倪　炜　聂立功　宁成浩　彭秀健
齐绍洲　孙宝东　谭秀杰　王　雷　王雪莲
魏　宁　吴　璘　吴　微　于　淼　张继宏
张　凯　张　勇　朱吉茂

气候变化是 21 世纪全球面临的最严重挑战之一。推动实现碳中和，即二氧化碳净零排放，是减缓气候变化的唯一途径。2020 年 9 月 22 日，习近平主席在第七十五届联合国大会一般性辩论上发表讲话，"中国将提高国家自主贡献力度，采取更加有力的政策和措施，二氧化碳排放力争于 2030 年前达到峰值，努力争取 2060 年前实现碳中和"，这是我国在应对气候变化背景下许下的重要承诺，既是积极承担大国责任的行为，也给经济社会低碳转型发展提出了新的要求。能源结构调整是实现碳中和目标的重要内涵。然而，当前我国以煤炭为主的能源结构在短期内难以根本改变，如何在保障经济发展的同时，平稳、快速实现能源转型是当前我国完成碳中和目标需要解决的关键问题。

煤基能源是经济社会发展的重要物质基础，也是碳排放的主要来源，能源行业的健康发展关乎国家资源、环境和经济社会可持续发展。在碳达峰、碳中和目标下，煤基能源在能源系统中承担怎样的角色，煤基能源产业如何有序低碳转型发展？诸此种种，都是我国能源行业高质量发展必须直面解决的重大战略问题。考虑到我国发展阶段特点与富煤、贫油、少气的资源禀赋条件，能源兜底保障责任必然要落到煤炭、煤电身上，这不是权宜之计，是由国情能情决定的必然选择，也是我国能源安全战略的重要组成部分。在国际气候协议约束及国内环保压力下，统筹能源安全、民生保障、成本代价与低碳转型的关系，促进能源、经济、社会、环境协调发展，对我国经济安全和能源企业发展都是巨大挑战。当前，煤基能源产业正步入高质量发展加速期和低碳转型关键路口，十分有必要对新形势下的我国能源中长期转型路径及煤炭、煤电的低碳转型方向作出研判，为我国能源结构优化升级和国家能源安全保障提供相关决策参考。

以煤炭为主体的能源资源禀赋条件，决定了我国实现经济社会持续发展的能源电力稳定供应必须立足国情能情、"做好煤炭这篇大文章"。"煤炭清洁高效利用2030重大项目"是国家面向2030年部署的17个重大项目之一。国家能源投资集团有限责任公司（以下简称"国家能源集团"）在"煤炭清洁高效利用2030重大项目先导项目"框架下立项开展"国家中长期碳减排路径与能源结构优化战略研究"，旨在研判全球能源系统转型的基本趋势及其不确定性，全面评估煤炭清洁高效利用在能源系统转型中的角色和作用，提出我国中长期能源转型路径方案并为国家制定气候变化战略规划提供支撑，以及为未来启动和推进国家"煤炭清洁高效利用2030重大项目"奠定相关研究基础。

该项目由国家能源集团技术经济研究院牵头实施，联合中国科学院武汉岩土力学研究所、中国科学院科技战略咨询研究院、南瑞集团有限公司、武汉大学、复旦大学、厦门大学以及澳大利亚维多利亚大学政策研究中心（CoPS）等多家国内外机构开展了为期3年的跨学科、跨领域协同攻关。项目基于"全球气候治理—我国能源转型—煤基产业发展"的研究逻辑，系统分析全球气候治理的方案及机制，定量刻画了我国能源转型的演变规律和影响因素，综合评估CCUS技术嵌入煤基能源产业优化发展的综合成本效益。厘清碳中和背景下我国中长期煤基能源发展的目标和优化路径，科学测算 CCUS 技术在中国能源低碳转型战略中的定位和贡献，以期为煤基能源产业低碳高质量发展、煤炭与新能源优化组合战略的实施提供战略支撑和方向引领。

基于项目成果，形成本系列丛书。希望可以为煤炭清洁高效利用相关的理论和实践研究提供研究基础，为国家煤基能源产业发展提出有效建议，为煤炭、电力等行业制定可持续发展战略提供成果支持，为大型综合能源企业制定产业转型升级发展战略提供决策支撑。

借此机会，向为项目研究和丛书出版工作做出努力的研究者和编者表示诚挚的感谢！不足之处，还请专家同行批评指正！

孙宝东

2023 年 5 月

推动煤炭清洁高效利用是实现碳中和长期目标的关键抓手。基于我国发展阶段特点与富煤、贫油、少气的资源禀赋条件，提升现有煤炭利用方式的清洁低碳水平，将有利于高质量保障经济低碳转型浪潮下的能源安全和能源清洁供应。厘清煤基能源的作用定位、利用模式和动态影响是保障能源平稳转型、实现碳中和目标与经济发展目标协调推进的关键。因此，十分有必要对碳中和背景下的煤炭清洁高效利用与经济社会转型发展开展系统性全面分析，为构建清洁高效、安全低碳的现代能源体系提供决策参考。

本书聚焦于碳中和背景下，我国能源低碳转型面临的问题，以煤炭为主要分析对象，探索我国煤炭能源清洁转型、能源中长期低碳转型路径，并以碳捕集、利用与封存 (CCUS) 技术为重点关注技术，分析了煤电结合 CCUS 技术的减排潜力及其对经济发展的影响。中国能源系统转型在支撑经济社会持续发展的同时要快速深度脱碳，实现碳中和目标总体可按照尽早达峰、稳定排放、快速减排、全面中和四个阶段有序实施。煤基产业升级和电力行业脱碳是我国"双碳"目标实现的关键，CCUS 不仅是目前实现化石能源低碳化利用的非常有利的技术选择，也是保持电力系统灵活性的主要技术手段，是钢铁水泥等难以减排行业低碳转型的可行技术选择。当前，我国煤基能源产业结合CCUS已经具备技术条件要求，随着CCUS项目的部署示范，其规模化应用也逐渐具备经济可行性。总体来讲，CCUS技术与煤基能源体系呈现出相互契合、协同互补的耦合发展态势，是未来煤基能源优化转型以保障"双碳"目标实现的重要途径。实现碳中和目标需要加强顶层政策设计，统筹推进碳达峰与碳中和工作；深化体制机制改革，营造有利于煤基能源转型升级的市场环境；强化能源兜底能力，确保煤炭高质量发展与"双碳"目标顺利推进。

本书基于国家能源集团"煤炭清洁高效利用2030重大先导项目"的"基于CCUS技术的煤炭低碳转型和能源结构优化研究"成果，考虑了全球气候治理、中国能源转型和煤基能源发展影响因素，采用"自上而下"和"自下而上"相结合的方式，把宏观能源经济CGE模型和CCUS技术经济评估模型结合起来，仿真分析出我国重点用煤行业的低碳发展时空路线，并结合电力电量平衡仿真模型，探究未来煤电产业的合理化规模，量化评估了CCUS技术在我国煤基能源低碳发展、实现碳中和目标减排贡献以及经济社会可持续发展方面的重要性，提出了基于CCUS技术的能源结构优化和低碳转型发展路径，旨在为煤基产业的清洁高效发展提供战略支撑和方向引领。

具体而言，本书第1章介绍了碳中和目标，并着眼于实现碳中和目标的核心领域——能源系统转型，提出待研究的关键问题。第2章则介绍全球碳中和背景下，国际气候治理及能源转型进展。第3章则将视角转移回国内，介绍我国能源系统的现实情况及能源转型进展。第4章从定位—路径—结合CCUS三个层面，具体设计碳中和背景下，煤基能源实现清洁高效利用的长效路径。为确保相关路径的可行性及有效性，第5章设计了耦合可计算一般均衡模型（computable general equilibrium model，CGE）和全流程 CCUS 系统评价模型（integrated techno-economic assessment method for CO_2 capture, geological utilization and storage，ITEAM-CCUS）的综合评估模型，用于对第 4 章构建的清洁高效利用路径进行定量评价。模型量化评估获得的结果展示在第 6 章中，具体包括对能源排放、行业发展、经济效果三个方面的路径实施效果评估。通过对煤炭清洁高效利用路径的模型量化，能够有效识别关键问题，厘清推进路径面临的挑战与困难。第 7 章基于反馈再优化结果，归纳了碳中和目标下，推动煤炭清洁高效利用的政策建议。本书较为系统、深入地探讨了煤炭能源利用 CCUS 技术实现清洁高效转型，从封存场地选取、封存潜力、能源转型、经济社会综合效益影响等方面分析了煤炭结合 CCUS 发展的可行路径。

本书由国家能源集团牵头，联合中国科学院武汉岩土力学研究所、中国科学院科技战略咨询研究院、澳大利亚维多利亚大学政策研究中心等多家国内外机构的专家共同编写，编写组主要成员包括姜大霖、于淼、陈语、魏宁、刘宇、王雷、吴璘、李杨、李涛、彭秀健、冯晟昊、赵梦真、马雯嘉、王帆、向柏祥、苏彤、朱朋虎、羊凌玉、胡时霖、段博慧、杨芷萱等参与了文献整理、文字校核工作，在此感谢各位专家、同仁的辛苦工作和大力支持。

由于水平和时间有限，难免存在不足之处，请专家同行批评指正！

著者

2023 年 2 月

目录

第 6 章 CCUS 在中国能源低碳转型战略中的定位和贡献

第 **7** 章　关于推动煤炭清洁高效利用与经济社会转型发展的政策建议

Toward Carbon Neutrality:
Clean and Efficient Use of Coal,
Transformation and
Development of
Economic Society

碳中和下煤炭清洁高效利用与经济社会转型发展

第 **1** 章

绪论

1.1 碳中和目标的背景与内涵

1.1.1 碳中和目标的概念

碳中和（carbon neutrality）是指在一定时间内，直接或间接产生的温室气体排放总量，通过植树造林、节能减排等形式被吸收和抵消，实现温室气体"零排放"。IPCC（联合国政府间气候变化专门委员会）报告指出，温室气体（greenhouse gas，GHG）是指大气中自然或人为产生的气体成分，能够吸收并释放地表、大气和云层发出的地面辐射光谱特定波长辐射。当前，水汽、二氧化碳、氧化亚氮、甲烷、臭氧是地球大气中的主要温室气体，此外，大气中还有许多人为活动产生的温室气体。根据最新的国家自主贡献目标所覆盖的温室气体种类，广义上的碳中和目标所覆盖的气体应至少包括：二氧化碳、甲烷、一氧化二氮、氢氟碳化物、全氟化碳、六氟化硫、三氟化氮。狭义上的碳中和目标只与二氧化碳有关。

目前，与碳中和类似的气候术语还包括净零排放（net-zero emission）、二氧化碳净零排放（net-zero CO_2 emissions）、气候中性（climate-neutral），IPCC《全球升温1.5℃特别报告》（2018）给出了相关定义。净零排放指一个组织的一年内所有温室气体排放量与温室气体清除量达到平衡，当在规定时期内人为二氧化碳（CO_2）移除量等于人为CO_2排放量时，可实现CO_2净零排放，CO_2净零排放也称为碳中和；当一个组织的活动对气候系统没有产生净影响时，就是气候中性（或叫气候中和），在气候中性的定义中，还必须考虑区域或局部的地球物理效应，例如辐射效应。

为了应对全球气候变暖所带来的重大挑战，降低二氧化碳排放量，各国共同推动碳中和进程，以促进全球减排并缓解气候变化问题。在2015年12

月，196 个缔约方一致同意通过《巴黎协定》，承诺在 2050 ～ 2100 年之间实现温室气体的排放与吸收之间的平衡，即实现全球碳中和目标。《巴黎协定》明确规定，全球温度升高应控制在不超过工业化前 2℃的目标，并将 1.5℃温控目标确定为长期应对气候变化的方向。在此之前，英国已于 2008 年颁布了《气候变化法案》，明确在 2050 年实现碳中和的目标，成为全球第一个将应对气候变化与法律约束相结合的国家。欧盟委员会于 2019 年发布了《欧洲绿色协议》，提出到 2050 年欧盟温室气体达到净零排放的目标。2020 年，许多发达国家也相继提出了 2050 年前实现碳中和目标的政治承诺。截至 2021 年 12 月，全球已有 136 个国家、115 个地区、235 个城市以及 682 家公司宣布了净零排放目标，涵盖了全球 88% 的温室气体和 85% 的人口。因此，碳中和已成为全球共同长期目标之一。

1.1.2　我国碳中和目标的提出

2020 年 9 月 22 日，习近平主席在第七十五届联合国大会一般性辩论上首次对外宣布：中国将提高国家自主贡献力度，采取更加有力的政策和措施，二氧化碳排放力争于 2030 年前达到峰值，努力争取 2060 年前实现碳中和。

我国提出碳达峰和碳中和目标，是我们积极承担大国责任，在全球变暖背景下承诺的重要举措。自 20 世纪 80 年代以来，全球气温逐年上升，2020 年全球平均气温比工业化前上升了 1.02℃。主要原因是工业革命后人类大量使用化石燃料，导致二氧化碳等温室气体排放量迅速上升。2019 年，西班牙国家气象局伊萨尼亚天文台探测到地球大气层中二氧化碳浓度突破了 415 微升 / 升，达到了 416.7 微升 / 升，为 300 万年来的最高值。这意味着全球气候变化正在向着更危险的方向发展。气候变暖导致了一系列连锁反应，如冰川融化、海平面上升、极端天气事件增多、自然灾害频发等，引发了一系列社会经济问题。全球共同应对气候变化危机形势紧迫。我国积极应对气候变化，提出碳达峰和碳中和目标，一方面是为了实现可持续发展的内在要求，是加强生态文明建设、实现美丽中国目标的重要抓手；另一方面也是我国作为负责任大国履行国际责任、推动构建人类命运共同体的责任担当。

自从 2020 年 9 月提出碳中和战略以来，我国已陆续出台了一系列国家层面的政策文件。在《中华人民共和国国民经济和社会发展第十四个五年规划和 2035 年远景目标纲要》中，我国提出了碳排放达峰后稳中有降的目标，推进能源革命，建设清洁低碳、安全高效的能源体系，并计划建设一批多能互补的清洁能源基地，以提高非化石能源消费总量比重至 20% 左右。2021年 3 月 15 日，习近平总书记在主持召开的中央财经委员会第九次会议上发表了重要讲话，强调实现碳达峰、碳中和是一场广泛而深刻的经济社会系统性变革，要把碳达峰、碳中和纳入生态文明建设整体布局，拿出抓铁有痕的劲头，如期实现 2030 年前碳达峰、2060 年前碳中和的目标。在 2021 年 12 月的中央经济工作会议上，总书记再次强调实现碳达峰、碳中和是推动高质量发展的内在要求，要坚定不移推进。

1.2 碳中和目标下我国能源系统转型的特点

由于能源系统是碳排放的主要来源，实现碳中和目标必然要求能源系统的转型。具体而言，推动现有能源系统由主要依赖化石燃料（如煤炭、石油和天然气等）逐步向增加对清洁能源（太阳能、风能、水能、地热能等）依赖的转变是实现碳中和长期目标的必要条件。虽然提升清洁能源在能源结构中的占比能够减少碳排放，促进能源消费的可持续性和多样性，但是清洁能源普遍具有不均衡、不稳定的特点，有效的能源系统转型过程还应当致力于减轻由此引发的负面影响，平稳度过转型"阵痛期"。我国一直以来以煤基能源作为能源供应的主体，实现向清洁能源的过渡将面临严峻的经济风险与社会风险。因此，我国碳中和目标下的能源系统转型形成了数个独特的特点及要求。

1.2.1 保障煤炭在能源系统中的主体地位

煤炭作为我国的主要能源和重要工业原料，是国家能源安全的基本保障。作为重要的基础产业，煤炭工业长期以来有力支撑了国民经济和社会的平稳较快发展。在改革开放以来的几十年中，煤炭在我国一次能源生产和消费结构中占据着重要的比重，支撑了国内生产总值年均增长 9.5%。因此，保障煤炭的充足供应是保障我国经济社会长期可持续发展的必然要求，煤炭在能源系统中的主体地位在短时间内亦无法撼动。

我国以煤为主的能源结构催生了以煤电为主的电源结构，导致大量先进的火电机组的形成。然而，这些机组的平均服役年限仅约为 11.62 年，大量先进的煤电机组短期内难以完全退出，煤电在我国电源结构中仍将占据主导地位。因此，煤基能源行业成为实现碳中和目标的重要着力点。在国际上，是否完全淘汰煤炭成为争论的焦点。目前，大多数承诺逐步淘汰煤炭的国家都是国内煤炭产量或进出口很少的国家。相比之下，对于仍然把煤炭作为重要能源的国家，如美国、中国和德国等，完全淘汰煤炭仍面临着很多挑战。德国在弃煤政策上左右摇摆。虽然德国煤炭退出委员会宣布将在 2038 年前关闭所有煤炭火力发电厂，但德国联邦经济和能源部表示，德国到 2030 年仍将保持一半的煤电产能。这表明德国无法同时不生产核电和煤电。为实现碳中和目标并保障能源安全，我国也并未采取完全淘汰煤炭的方式，强调将严控煤电项目，"十四五"时期严控煤炭消费增长，"十五五"时期逐步减少。

由于可再生能源具有波动性、间歇性等特点，未来电力系统大规模、高比例接入可再生能源，将给电力系统稳定和能源安全带来巨大的挑战，未来电网面临着更大的调峰压力，煤电仍然在调峰方面发挥着重要作用。煤电在煤炭转化、电热供应、系统调峰等方面发挥着基础性作用，决定了煤电在相当长的时期内仍不可或缺。因此，在我国实现碳中和目标的过程中，推进能源转型，必然需要保障煤炭在能源系统中的主体地位。

1.2.2 发挥煤电在电力系统中的调峰作用

在逐步增加清洁能源占比的过程中，煤电是电力系统安全的有力支撑。发挥煤电在电力系统中的调峰作用，是我国能源转型过程中必须把握的又一特点。碳达峰、碳中和目标下，大力发展可再生的清洁能源电力是必由之路。在我国可供选择的各种发电方式中，水电受到可利用资源的制约，目前仅西南还有大规模开发的潜力，但水电站还要兼顾水量调蓄、改善航道等功能，丰水或枯水期会影响其发电能力。核电建设以确保安全为前提，必须保持平稳建设的节奏。且我国受"多煤少气"的资源禀赋条件限制难以大规模发展气电。风电和太阳能发电受季节、天气和昼夜交替的影响较大。可再生能源电源波动性、间歇性大的特点，意味着未来电力系统大规模、高比例接入可再生能源，将给电力系统稳定和能源安全带来新的巨大挑战，未来电网面临着更大的调峰压力。而煤电相对其他发电方式具有建设周期短、选址灵活、机组发电受限因素少的优势，是当前及以后相当长的阶段电网调峰最为经济快捷的方式。在其他发电方式不能满足用电需求时，依靠煤电弥补供电的缺口基本不受地域、气象等条件的限制，这是煤电相比于其他发电方式最大的优势之一。

多种发电形式互补保障能源供给安全。我国幅员辽阔，经济结构复杂，能源体量大，单一的发电形式难以完成稳定的电力供给，具有先天属性的发电条件受限后，将面临限供、断供甚至系统崩溃的风险。多种发电方式的互济互补才是保障安全的有效方式，大规模建设的可再生能源发电受到了许多条件的限制，受限最小的煤电恰恰是可再生能源发电最好的补充。因此，未来长时间内，仍需要煤炭发挥兜底保供作用，有效避免新能源间歇性、波动性问题，推动能源转型平稳过渡。

1.2.3 引导煤炭清洁高效利用推进碳中和

不论是保障煤炭在我国能源系统中的主体地位，还是充分发挥煤电在电力系统中的调峰作用，当前的煤炭利用方式已不适应碳中和目标，因此，引导煤炭清洁高效利用成为我国碳中和进程中不可或缺的板块。由于我国"富煤、缺油、少气"的资源禀赋条件，未来几十年，在进行关键核心技术攻关和颠覆性技术创新的同时，重视已有利用方式的更新、提高煤炭的综合利用效能，从而推进我国煤炭由基础能源向主要能源和兜底保障能源转变，加速清洁高效、安全低碳的现代能源体系建设，有利于高质量保障我国能源安全和能源清洁供应。煤炭的绿色开发、高效发电、清洁转化、污染物控制以及碳捕集、利用与封存技术等方面是当前煤炭清洁高效利用的重点领域。

近些年国家高度重视煤炭清洁高效利用工作，并把其提升至新的战略高度。2013 年以来，煤炭清洁高效利用逐渐成为中国环保与能源政策的重要内容，为推动煤炭清洁高效利用发展，国家出台了一系列相关政策措施。2014年 6 月发布的《能源发展战略行动计划（2014—2020 年）》提出"制定和实施煤炭清洁高效利用规划，积极推进煤炭分级分质梯级利用，加大煤炭洗选比重，鼓励煤矸石等低热值煤和劣质煤就地清洁转化利用"。该计划明确提出了一种新的煤炭利用方式：分级分质梯级利用。2015 年 2 月发布的《工业领域煤炭清洁高效利用行动计划》提出"提升技术装备水平、优化产品结构、加强产业融合，综合提升区域煤炭清洁高效利用水平"。2015 年 4 月发布的《煤炭清洁高效利用行动计划（2015—2020 年）》更是从指导思想、主要任务和目标、重点工作、保障措施等方面，对近一段时期的煤炭清洁高效利用工作进行了系统部署。2016 年，煤炭清洁高效利用纳入《"十三五"国家科技创新规划》面向 2030 年的重大科技项目。2021 年 11 月，国务院常务会议决定"在前期设立碳减排金融支持工具基础上，再设立 2000 亿元支持煤炭清洁高效利用专项再贷款"。此外，《关于促进煤炭工业科学发展的指导意见》《关于促进煤炭安全绿色开发和清洁高效利用的意见》等政策也提及了煤炭清洁高效利用问题。

Toward Carbon Neutrality:
Clean and Efficient Use of Coal,
Transformation and
Development of
Economic Society

碳中和下煤炭清洁高效利用与经济社会转型发展

第 **2** 章

全球气候治理及
能源转型进展

2.1 欧盟气候治理与能源转型进展

2.1.1 欧盟气候政策进展

2019 年 12 月，新一届欧盟委员会发布《欧洲绿色协议》，阐明欧洲迈向气候中性循环经济体的行动路线，致力于建设公平繁荣的社会、富有竞争力的现代经济，到 2050 年实现温室气体净零排放，使经济增长与资源使用脱钩。2021 年 4 月，欧盟在领导人气候峰会上作出承诺，承诺到 2030 年，欧盟的温室气体排放量将在 1990 年的基础上至少减少 55%，这一目标取代了先前削减至少 40% 的目标。在 2019 年，欧盟的碳排放量已经比 1990 年减少了 24%。2050 年实现碳中和的目标总体上适用于整个欧盟。

为实现 2030 年减排 55% 和 2050 年净零排放目标，欧盟委员会发布了《欧洲绿色新政》，制定了碳中和愿景下的长期减排战略规划。《欧洲绿色新政》从七个重点领域规划了长期碳减排行动政策路径，具体体现在：提供清洁、可负担的、安全的能源；推动工业向清洁循环经济转型；高能效和高资源效率建造和翻新建筑；加快向可持续与智慧出行转变；设计公平、健康、环保的食品体系；保护与修复生态系统和生物多样性；实现无毒环境零污染的雄心。《欧洲绿色新政》强调最大限度地提高能源效率，实现建筑领域零排放目标；最大限度地部署可再生能源；支持清洁、安全、互联的出行方式；促进工业转型和循环经济；建设充足的智能网络基础设施；从生物经济中全面获益并建立基本的碳汇；充分利用碳捕集与封存（carbon capture and storage, CCS）技术等。

并且，欧盟委员会通过制定能源战略实现可持续能源转型。2020 年 7 月 8 日，欧盟委员会正式宣布其《欧盟氢能战略》和《能源系统一体化战略》，为其能源部门实现多种能源关联的高效率完全脱碳铺平道路。2020 年 11 月，欧盟委员会发布《利用海上可再生能源的潜力，实现碳中和未来的战略报告》，要求 2030 年和 2050 年分别实现海上风电装机容量达到 60 吉瓦和 300 吉瓦，既能满足脱碳目标，又能以成本较低的方式满足电力需求的预期增长，确保欧盟在实现能源转型的过程是可持续的。

欧盟理事会则通过立法为 2050 碳中和目标保驾护航。2021 年 6 月 28 日欧盟理事会通过《欧洲气候法》，正式将《欧洲绿色新政》关于实现 2050 年碳中和的承诺转变为具有强制约束力的法律。该法律还确认了到 2030 年温室气体净排放量比 1990 年至少减少 55% 的中期目标。到 2050 年实现碳中和意味着欧盟国家主要通过减少排放、投资绿色技术和保护自然环境等手段，作为一个整体实现温室气体净零排放。该法律旨在确保欧盟的所有政策都有助于实现这一目标，并确保所有的经济和社会部门都发挥作用。

欧盟委员会通过《欧洲绿色新政》修订方案促进减排 55% 目标的实现。2021 年 7 月 14 日，为了实现更高的目标，委员会提交和通过了 "Fit for 55"（"减排 55%"）方案下的第一系列文件。这一文件是对《欧洲绿色新政》气候行动相关的修订和倡议，特别是气候目标计划的 55% 净减排目标。该方案包含修改整个欧盟 2030 年气候和能源框架的立法建议，对相关立法重点领域予以调整。主要包括以下几方面：修订欧盟碳排放交易系统（ETS）；建立碳边境调节机制（CBAM）；修订《减排分担条例》（ESR）；修订《能源税指令》（ETD）；修订《可再生能源指令》（RED）等。

2.1.2　欧盟碳中和的能源转型安排

为实现碳中和目标，欧盟积极推动能源转型，主要的政策安排包括依托于欧洲战略能源技术计划（The European Strategic Energy Technology Plan, SET-Plan），这一计划旨在大力推动可再生能源技术的发展，尽快实现以具有成本竞争力的方式开发可再生能源技术。具体而言，研发创新关键行动领域分别为：①将可再生能源技术整合入能源系统；②降低技术成本；③新技术以及客户服务；④能源系统的安全与韧性；⑤建筑的新材料与技术；⑥工业能源效率；⑦提升在全球电池行业和电动汽车的竞争力；⑧可再生燃料和生物能源；⑨碳捕集与封存；⑩核能安全。

欧洲战略能源技术计划（SET-Plan）中涉及的《BATTERY（电池）2030+》，则进一步强调了联合欧洲整体共同完成未来电池研发，提升锂电性能。为了加速智能型电池的开发，欧盟委员会计划在欧洲范围内设立电池材料加速平台，并与电池界面基因组集成在一起。同时，通过基础设施模块化设置，全系统具有高度的通用性，以便能够容纳所有新兴的电池化学体系、材料成分、结构和界面。为了更好地监测电池工作过程中的物理参数对电化学反应过程的影响，有效解决黑箱问题，计划提出将智能传感器嵌入到电池中，能够实现电池在空间和时间上的分辨监视。

除了能源系统本身外，为协调促进能源转型，欧盟还强调交通运输向绿色化转型。《欧洲绿色新政》涉及在欧盟内部启动一系列项目，不断加速境内交通运输等低碳基础设施投资，助力经济从传统模式向绿色模式转型。绿色交通基础设施投资具体措施有：通过提升铁路货运和内河航运的运力，致力于在2050年实现75%的货运量转向铁路和水路运输；同时，发力智能网联汽车产业与智慧交通系统建设，促进智能应用的普及；加大新能源汽车充电基础设施建设，实现2025年前新增100万个充电站；利用价格机制促进绿色转型，如停止燃油补贴、将海运纳入碳交易市场（目前该市场仅覆盖航空运输）、加强道路收费机制等；大幅降低交通行业污染物排放，包括进一步加强机动车污染物排放标准、推广船舶排放控制区等。在城市交通方面，欧盟将加大部署包括车辆导航系统、智能停车系统、共享汽车、驾驶辅助系统等在内的智能交通系统，新型技术将极大推动交通运输系统的数字化和智能化，并将催生新的交通解决方案。此外，欧盟委员会提出的2021～2027年连接欧洲基金计划，其中258亿欧元用于欧洲运输交通项目，该计划将为欧洲交通领域的重点项目提供资金支持，支持交通运输产业绿色化和数字化双重转型，助力实现智能和可持续交通战略目标。

2.2　美国气候治理与能源转型进展

2.2.1　美国气候政策进展

美国联邦政府的气候政策可以分为以下几个阶段。在20世纪70年代和80年代，美国开始制定环保法规和政策，包括成立环境保护署（EPA）和通过《清洁空气法案》《清洁水法案》等法规来减少污染物排放。在20世纪90年代，美国签署了《联合国气候变化框架公约》并通过《清洁能源法案》等措施鼓励可再生能源的发展。在奥巴马政府时期，美国加入了《巴黎协定》，并通过《清洁电力计划》等政策限制了电厂的碳排放。在特朗普政府时期，美国退出了《巴黎协定》。

拜登政府上台后，宣布重新加入《巴黎协定》，随后，有关应对气候变化的政策密集出台。2021年1月27日，拜登签发应对气候危机行政令，指出美国将在2035年前实现无碳发电，到2050年达到净零碳排放，实现100%的清洁能源经济；2021年4月22日，拜登参加领导人气候峰会时公布了其新的《巴黎协定》国家自主贡献目标：2030年美国温室气体排放量在2005年的基础上减少到50%～52%。

2021年3月21日，美国政府推出2万亿美元的《美国就业计划》（The American Jobs Plan），将低碳发展与促进就业实现经济复苏结合起来，将是有史以来美国在清洁能源和基础设施方面最重要的投资计划之一。其中，该计划包含前沿技术、快速启动清洁能源制造、振兴制造业、支撑供应链等多个方面的投资，旨在提高美国的竞争力。整个计划中，涉及新能源的直接投资约为3270亿美元，包括电动汽车（1740亿美元）、联邦采购清洁能源（460

亿美元）及重点支持农村制造业和清洁能源（520亿美元）、解决气候危机的相关技术突破（550亿美元，包括碳捕集与封存、氢、先进核能、稀土元素分离、海上风电、生物燃料/生物产品、量子计算和电动汽车等）。同时，给予新能源行业政策扶持，包括要将清洁能源发电及储能的投资和生产税收抵免延长10年，为消费者提供购买美国制造电动汽车的销售折扣和税收优惠。另外，计划提出取消当前的税法包括对化石燃料行业的数十亿美元的补贴。

2.2.2 美国碳中和的能源转型安排

美国对碳中和背景下的能源转型安排，集中于技术层面的突破，即保持对实现能源领域未来突破的储能技术、电解槽技术、氢能技术、新能源汽车等领域不断加大投资和研发力度，具体如下。

（1）大力发展清洁能源 美国致力于推动清洁能源技术进步，在氢能、核能、CCUS等领域，投入大量资金，以此实现可持续发展。为促进氢能技术快速发展，美国公布《氢能项目计划》，为其氢气研究、开发和示范活动提供了战略框架。《氢能项目计划》指出，美国政府致力于氢能全产业链的技术研发，并将加大示范和部署力度，以期实现产业规模化。根据美国国家实验室预测，到2050年，美国本土氢能需求将增至4100万吨/年，占未来能源消费总量的14%。为鼓励核能创新，美国参议院拨款委员会发布了《2021年能源和水资源开发拨款法案草案》，其中美国能源部核能和铀资源项目获得15亿美元拨款，事故容错燃料开发项目和三层各向同性包覆颗粒燃料市场化项目分别获得1.15亿美元和1000万美元拨款，先进堆示范项目则获得2.8亿美元，多功能试验堆项目获得4500万美元。为促进CCUS技术进步，美国于2020年年底公布《碳利用计划》，计划表明将投入1700万美元支持11个研发项目，以开发和测试利用电力或其他工业排放的二氧化碳转化为高价值产品的技术。其中700万美元用于合成高价值有机产品，

200万美元用于生产固体碳产品无机材料，600万美元用于将碳捕集与藻类生产结合，200万美元用于无机材料生产，即最大化提高混凝土和水泥CO_2吸收量。

（2）**开发储能技术**　美国发展储能较早，目前拥有全球近半的示范项目，并且出现了若干实现商业化应用的储能项目。美国能源部还专门建立了全球储能数据库，用于对全球储能项目进行追踪，同时设立了多个部门来促进并规范储能技术的发展。2020年1月8日，美国能源部（Department of Energy，DoE）发布了一项新的储能战略——"储能大挑战"（Energy Storage Grand Challenge），旨在加速相关技术从实验室推向市场的过渡进程，建立一个独立于国外关键材料来源的安全国内制造供应链。这一计划建立在2020财政年度预算请求中宣布的1.58亿美元的先进储能倡议之上，旨在加速下一代储能技术的开发、商业化和利用，并保持美国在储能领域的全球领先地位，最终到2030年实现在储能利用和出口方面建立并维持全球领先地位。基于这一愿景目标，美国也在技术开发、技术转让、政策和估值、制造和供应链以及劳动力方面提出了相关子目标。

（3）**布局新能源交通工具**　美国推广新能源汽车政策主要有五个：税收减免、CAFE（corporate average fuel economy，企业平均燃料经济性）标准、GHG（greenhouse gas emissions，温室气体排放）标准、先进车辆贷款支持项目、零排放汽车法案；前四者是联邦层面推行，零排放汽车法案最早由加利福尼亚州制定和推行，后被康涅狄格州、马萨诸塞州、马里兰州等九个州采用。美国联邦政府自2010年1月1日起对购置纯电动及插电式混合动力轻型车的纳税人实施个税抵免政策。在2017年美国税收改革中，多项抵免政策皆被废除但电动汽车购置抵免政策仍被保留。2021年以来，促进新能源汽车发展的政策层出不穷。2021年3月31日，美国《基础设施计划》发布，提出将投资1740亿美元支持美国电动汽车市场发展，内容涉及完善国内产业链、销售折扣与税收优惠、到2030年建50万个充电桩、校车公交及联邦车队电动化。此外，美国参议院财政委员会还于2021年

5 月 26 日通过《美国清洁能源法案》提案，对新能源车刺激力度超市场预期。提案计划提供 316 亿美元电动车消费税收抵免，对满足条件的车辆将税收抵免上限提升至 1.25 万美元 / 车；同时，放宽汽车厂商享税收减免的 20 万辆限额，并将提供 1000 亿美元购置补贴；在渗透率达到 50% 后，税收抵免在三年内退坡。

2.3 其他国家气候治理与能源转型进展

2.3.1 其他国家气候政策进展

（1）日本 自 20 世纪 60 年代起，日本就开始意识到气候变化对国家发展的影响，并逐步采取了一系列应对措施。1980 年，日本政府开始制定相关法规，并在 20 世纪 90 年代开始实施碳排放减少措施。直到 2010 年，日本真正通过了直接应对气候问题的《气候变暖对策基本法案》，规定了日本在 2020 年要比 1990 年减少 25% 的碳排放量，2050 年要比 1990 年减少 80% 的碳排放量，并提出了在核电、可再生能源、交通运输、技术开发、国际合作等方面推进碳减排的措施。此外，日本还出台了《低碳城市法》《战略能源计划》《全球变暖对策计划》等多项政策法规，以新能源创新为主线，推动各部门低碳发展。2018 年，日本制定《气候变化适应法》，并推出了一系列计划，以促进可再生能源的发展，提高能源效率，以及改善能源消费行为。2021 年 5 月，日本首次将碳中和目标写入法案，明确将在 2050 年前实现碳中和，并制定了详细的《全球变暖对策推进法》，并于 2022 年 4 月正式实施。

（2）印度 作为发展中国家的印度，与发达国家在气候变化问题的认识上有较大分歧，其气候政策进展也相对滞后。印度一直认为气候变化是全球性的问题，需要国际社会共同应对。在 1992 年的联合国环境和发展大会上，印度积极参与了《联合国气候变化框架公约》的制定，成为该公约的缔约方。同时，印度也认为，发达国家应该承担更多的责任和义务，而发展中国家需要获得更多的支持和援助来应对气候变化。印度政府在国内也采取了一系列措施来应对气候变化。2008 年，印度政府发布了《国家气候变化行动计划》，明确了包括节能减排、推广清洁能源、推广低碳农业等多个方面的具体行动计划。2015 年，印度政府发布了新的气候计划，承诺到 2030 年将可再生能源容量提高到总发电量的 40%，并在 2030 年前实现净碳排放量下降 33% ～ 35% 的目标。印度政府还在国际上积极参与气候变化谈判和合作，参加了联合国气候变化大会等多个国际会议，并与其他国家开展了多项气候变化领域的合作项目。在第 26 届联合国气候变化大会 (COP26) 上，印度总理莫迪正式提出，印度将努力于 2070 年前实现净零排放目标。

（3）俄罗斯　俄罗斯政府一直以来对气候变化问题的态度较为谨慎。在 2004 年签署的《联合国气候变化框架公约》中，俄罗斯政府作为缔约方，承认了气候变化问题的存在，并承诺将采取行动应对气候变化。但在实践中，由于俄罗斯经济对化石能源行业的依赖性较强，因此政府颁布的环保政策相对较少。2013 年，俄罗斯的 752 号法令开始要求限制温室气体排放。同年，俄罗斯宣布将在 2020 年将人为温室气体限制在 1990 年水平的 75%，到 2030 年限制在 70%。2020 年，俄罗斯联邦政府批准了"2023 年前第一阶段适应气候变化的国家行动计划"，行动计划明确规定了 2020 ～ 2022 年俄罗斯联邦第一阶段的具体工作，包括制定行动措施和实施方案、出台法律法规、起草行业部门及地区章程，以及提供信息与科研保障支持等。

2.3.2　其他国家碳中和的能源转型安排

（1）日本　日本自 20 世纪 70 年代开始致力于能源转型，早在 1979 年就制定了节能技术开发计划，计划通过开发太阳能、风能、地热等可再生能源，实现国内能源需求的 30% 以上由可再生能源供应。1997 年，日本政府通过了《促进新能源利用特别措施法》，支持可再生能源发展和利用。2003年，日本政府开始推行智能电网项目，鼓励使用分布式电源和电力存储系统等技术，实现对可再生能源的更加高效利用。此外，日本政府还出台了一系列支持清洁能源的政策，如鼓励电动汽车的推广、支持燃料电池技术研发等。在 2011 年福岛核电站事故后，日本政府进一步强调了清洁能源的重要性，并于 2018 年通过了第五期《能源基本计划》，提出到 2030 年可再生能源发电占比达到 22% ～ 24% 的目标。

（2）印度 为了应对气候变化和满足国内能源需求，印度政府已经采取了一系列措施推动能源转型。自 2015 年以来，印度开始有序推动清洁能源发展，以及促进清洁能源使用和清洁能源生产。具体措施包括增加可再生能源的装机容量，建设太阳能和风能电站，鼓励能源存储技术的发展以及实行能源效率标准。此外，政府还设立了印度国家机构新能源和可再生能源部来促进可再生能源的发展。2015 年，印度政府还推出了"智慧城市"计划，旨在建设更加环保、可持续和智能化的城市，以及"光伏和智能微电网计划"，以便在偏远地区提供电力，并于 2016 年公布了首批城市名单。目前，印度已经成为世界上最大的太阳能市场之一。太阳能发电已经成为印度能源转型的主要推动力之一，其太阳能装机容量已经超过 40 吉瓦。此外，印度政府还计划到 2030 年将可再生能源的装机容量增加到 450 吉瓦，其中包括太阳能、风能、生物质能、小水电和地热能。

（3）俄罗斯 近年来，俄罗斯政府开始逐步加快采取措施推动能源转型。2009 年，俄罗斯出台《俄罗斯联邦可再生能源发电支持机制》，对可再生能源发电装机新增规模设定了目标。2014 年，俄罗斯出台《2035 年前俄罗斯能源战略》，旨在实现能源领域的转型和可持续发展。该战略包括多项措施，如降低对能源经济的依赖程度、调整能源结构、加大能源科技创新力度、拓展亚太市场等。这些措施旨在提高能源的利用效率，减少对化石燃料的依赖，并逐步引入更多的可再生能源。但由于俄罗斯仍需依赖化石燃料及相关产业作为经济发展的主要动力，俄罗斯能源转型的实际步伐受到较大限制。2019 年，俄罗斯政府发布新版《2035 年前俄罗斯能源战略》，其中提出通过实现能源基础设施现代化、实现技术独立化、完善出口多元化及向数字化转型等一系列措施确保能源安全。然而，这份规划并未纳入对可再生能源发展的相关安排。由于缺乏持续性政策支持，俄罗斯的能源转型进程相对缓慢。

Toward Carbon Neutrality:
Clean and Efficient Use of Coal,
Transformation and
Development of
Economic Society

碳中和下煤炭清洁高效利用与经济社会转型发展

第 3 章

碳中和目标下的能源结构与碳排放结构变化

能源转型是实现碳中和目标的重要路径。经济发展与能源消费息息相关，经济低碳转型的前提是能源系统的深刻转型。实现碳中和目标，必须加快构建绿色低碳可持续发展的现代能源体系，推动能源系统的根本性变革。这意味着需要改变"一煤独大"的能源格局，有效降低油气对外依存度，切实保障我国能源安全，促进整体能源系统向清洁、低碳、高效、智能方向转型升级。

电气化是能源清洁高效利用的必由之路。"双碳"目标将加速全社会电气化水平，电源结构的清洁化和电能替代将助力能源系统实现平稳转型。以可再生能源电力为主体的清洁安全高效的深度脱碳电力体系，是实现能源低碳转型的重要支撑。能源消费端的电能替代将在满足日益增长的能源需求的前提下，引领能源系统的加速脱碳进程。由于电力部门在能源系统起到举足轻重的作用，因而需要重点关注。

碳排放超越安全性和经济性成为能源系统聚焦方向。未来能源体系的发展，短时间内将难以突破安全稳定供应、经济性、低碳环保的"能源不可能三角"。未来能源电力转型需要统筹考虑安全性和经济性，但主要还是需要考虑碳排放约束。不同的碳排放下降轨迹意味着经济社会、产业结构、能源及电力系统所经历的转型路径的差异。

本章基于能源供需—电力供需—能源排放的逻辑，从供给侧到需求侧逐步分析现状，并从不同机构的展望入手，结合模型的定量测算结果，客观系统地分析能源及电力系统未来的转型路径和减排路线。

3.1 能源供需现状及趋势

能源系统低碳化是在保障能源供应的同时减排二氧化碳的关键对策。加快能源系统和能源结构深度脱碳进程，保障清洁安全经济的能源供应，对实现碳中和目标起到决定性作用。

3.1.1　现状与特点分析

3.1.1.1　总量：能源供需规模持续增长

从供给侧看，中国能源供应持续增长，供应保障水平不断提高。由于我国经济快速发展和居民生活消费结构升级，一次能源生产总量在 2005 年后持续快速跃升（图 3-1）。2020 年，我国能源消费总量为 49.8 亿吨标准煤，一次能源生产总量为 40.8 亿吨标准煤，是全球第一大能源消费和生产国。2021 年上半年，能源行业全力保障能源安全稳定供应，规模以上工业原煤、原油、天然气电力生产实现不同程度增长。其中，生产原煤 19.5 亿吨，同比增长 6.4%，增速比上年同期加快 5.8 个百分点，两年平均增长 3.5%；生产原油 9932 万吨，同比增长 2.4%，增速比上年同期加快 0.7 个百分点，两年平均增长 2.0%；生产天然气 1045 亿立方米，同比增长 10.9%，增速比上年同期加快 0.6 个百分点，两年平均增长 10.6%。

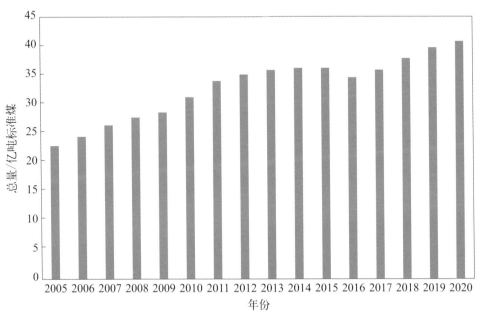

图 3-1　2005 ~ 2020 年我国一次能源生产总量

数据来源：国家统计局

从需求侧看，随着经济的不断增长，中国能源消费总量不断上升。伴随改革开放的不断推进，中国经历了逾四十年的高速经济增长。但是中国经济总量的持续扩张主要由生产要素投入驱动，而能源消费的不断增加正是这种粗放的经济发展模式的典型写照。纵观 1978 ～ 2019 年我国能源消费总量的变化趋势（图 3-2）可以发现，2019 年我国能源消费总量达到 48.6 亿吨标准煤，是 1978 年的 8.5 倍。此外，"十三五"期间，全国能源消费年均增速为 2.8%，较"十二五"降低 1.0 个百分点，实现了"十三五"规划纲要制定的"到 2020 年把能源消费总量控制在 50 亿吨标准煤以内"的目标，完成能耗总量控制任务。

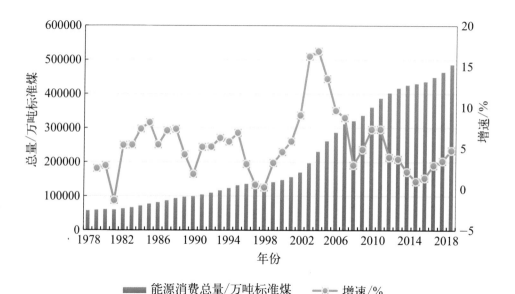

图 3-2　1978 ～ 2019 年全国能源消费总量及增长率

数据来源：《中国能源统计年鉴》

3.1.1.2　结构：能源生产及消费逐渐绿色低碳

从能源生产结构来看，非化石能源生产比重稳步增长。依赖于我国富煤、贫油、少气的资源禀赋现状，煤炭因其安全稳定供应和价格低廉的优势，而在一次能源生产中占据主导地位。2005 ～ 2020 年，我国原煤占一次能源生产总量的比重平均为 73%，但从 2011 年开始逐年下降（图 3-3）。原油生产也呈现出相似特征，近年来生产比重处于持续小幅下滑状态。值得注意的是，2005～2020年，我国非化石能源生产稳步增长，其生产比重由2005年的8.4%提升至2020年的19.6%。目前我国水电、风电、光伏、在建核电装机规模等多项指标继续稳居世界首位。

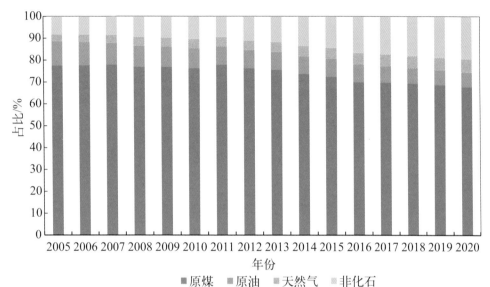

图3-3 2005～2020年我国一次能源生产结构

数据来源：《中国能源统计年鉴》

从能源消费结构来看，清洁能源消费份额持续上升。与1978年相比，当前我国能源消费结构的清洁化程度得到了显著提高，主要表现为天然气及非化石能源消费占比的明显上升（图3-4），表明我国在能源消费结构转型方面取得了一定成绩。当前，整体能源消费结构持续向绿色低碳转变。2020年天然气、水电、核电、风电等清洁能源消费总量占能源消费总量的比重增长至24.4%，增加了11个百分点，但距2020年、2030年清洁能源占一次能源消费比重分别达25%和35%左右的目标还有一定差距。从2005年到2019年，我国非化石能源在一次能源消费中所占比重从7.4%上升至15.3%；同时，我国可再生能源的总消费量在全球范围内的占比也从2005年的2.3%增长至2019年的22.9%，已经超过美国的20.1%。

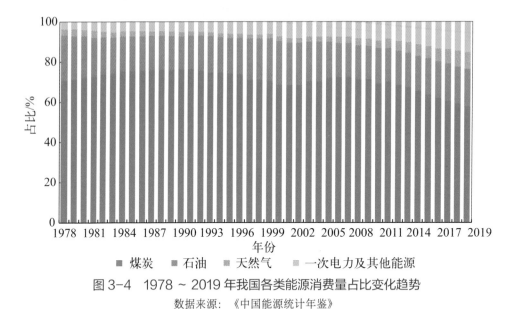

图 3-4　1978 ～ 2019 年我国各类能源消费量占比变化趋势

数据来源：《中国能源统计年鉴》

　　总体而言，我国一次能源供给和消费呈现出"煤炭占比持续下降，油气占比波动震荡，清洁能源占比持续上升"的特征（图 3-5）。这背后的根本原因是科学技术的进步和生产力的发展。在改革开放初期，由于工业发展较为滞后，依赖油气产业的经济基础尚未得到发展，煤炭长期在我国能源生产及消费结构中占据主导地位。随着经济发展和居民生活水平的提升，国家逐渐重视新时期的生态文明建设，推动整体能源生产及消费结构的优化。

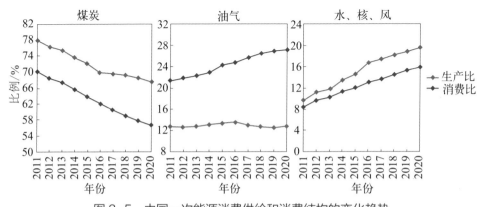

图 3-5　中国一次能源消费供给和消费结构的变化趋势

数据来源：《中国能源统计年鉴》

3.1.2　主要研究机构对中国能源消费的分析预测

截至目前，国内外有超过 16 家机构、企业和科研院所对我国中长期能源消费总量、结构进行了分析预测。其中，国外 11 家、国内 5 家；企业 9 家、高校 2 家、能源相关机构 5 家。预测年限范围为 2035 ～ 2100 年，其中 2050 年之前 10 家，2060 ～ 2100 年 6 家。经综合分析比较，优选出 12 种碳达峰方案下的我国能源消费总量，如表 3-1 所示。

表 3-1　我国碳达峰能源消费总量的预测情况

序号		机构名称	碳达峰方案	能源消费 / 亿吨标准煤
1	国内	中国石油集团经济技术研究院	碳中和情景	56.0
2	国内	国网能源研究院	深度减排情景	55.4
3	国内	国网能源研究院	零碳情景	57.3
4	国内	挪威船级社	基准情景	61.4
5	国内	英国石油公司（BP）	快速转型情景	52.9
6	国内	英国石油公司（BP）	净零情景	52.6
7	国内	清华大学	2℃情景	56.4
8	国内	清华大学	1.5℃情景	54.0
9	国内	上海交通大学	基准情景	59.5
10	国内	上海交通大学	强化低碳情景	55.2
11	国内	全球能源互联网	基准情景	60.3
12	国内	中国石油化工集团经济技术研究院	基准情景	55.3
		平均值		56.3

从能源消费总量上看，根据预测，我国能源消费总量峰值大致在 52.6 亿～ 61.4 亿吨标准煤，平均为 56.3 亿吨标准煤，达峰时间约在 2025 ～ 2035 年之间。在实现碳中和目标的情景下，产业升级、能效提升、节约循环理念深入等将使未来一次能源需求增速进一步放缓，一次能源需求预计于 2040 年前步入峰值平台期，约 40.6 亿吨标油或 58 亿吨标煤，2050 年一次能源消费量预计将达到 73 ～ 139 艾焦耳。IEA（国际能源署）发布的 2021 年《中国能源体系碳中和路线图》指出，在当前政策情景下，中国一次能源需求在 2020 ～ 2030 年间将增长 18%，到 2060 年下降 26%，比 2020 年下降 12%；2020 ～ 2060 年，一次能源强度将下降 75%。提高可再生能源占比是深度减排的关键，但由于技术考虑、减排空间设置、模型方法等不同，研究结果具有差异性。

从能源消费结构上来看，清华大学发布的《中国长期低碳发展战略与转型路径研究：综合报告》表明，2035 年和 2050 年非化石能源占一次能源需求的比重将分别增至 27.2% 和 40%；煤炭占比延续下降态势，2035 年和 2050 年分别降至 42.5% 和 30.4%；石油需求于 2025 年前后达峰，峰值约 7.3 亿吨，石油的原料属性得到大幅提升，2050 年化工用油占比增至 47.5% 左右；天然气是高比例可再生能源系统保持安全性和稳定性的重要支撑，在 2040 年前保持较快增长。不同情景下的能源结构低碳化的速度和力度差别更大，煤炭在一次能源消费中占比，到 2030 年强化政策情景和 2℃ 情景将分别下降到 46.0% 和 43.2%，比政策情景低 1.6 和 4.4 个百分点；到 2050 年，2℃ 情景将下降到 9.1%，比政策情景低 25.8 个百分点，相应非化石能源占比达 73.2%，比政策情景高 36.9 个百分点。

3.2　电力供需现状及趋势

构建安全、低碳、可靠和可持续的能源体系，需要在大力节能和改善能源结构的同时，加强电力在终端能源消费中对化石能源的替代。实现大比例可再生能源消纳的深度脱碳的电力系统是实现能源低碳转型的重要保障。

3.2.1　现状与特点分析

从电力供给侧来看，发电量方面，2020年，全国全口径发电量为7.62万亿千瓦·时，同比增长4.0%。2021年上半年，全国全口径非化石能源发电量2.58万亿千瓦·时，同比增长7.9%，占全国全口径发电量的比重为33.9%，同比提高1.2个百分点。全国全口径煤电发电量4.63万亿千瓦·时，同比增长1.7%，占全国全口径发电量的比重为60.8%，同比降低1.4个百分点。2021年上半年，电力生产高位增长，全国规模以上电厂总发电量为3.87万亿千瓦·时，同比增长13.7%，两年平均增长5.9%。清洁能源发电持续增长。其中，全国水电、核电、并网风电和并网太阳能发电量分别为4827亿千瓦·时、1951亿千瓦·时、3442亿千瓦·时和1581亿千瓦·时，同比分别增长1.4%、13.7%、44.6%和24.0%。从电能供给侧结构来看，截至2020年底，全国全口径发电装机容量22亿千瓦。"十三五"时期，全国全口径发电装机容量年均增长7.6%，其中非化石能源装机年均增长13.1%，占总装机容量比重从2015年底的34.8%上升至2020年底的44.8%，提升10个百分点。2020年，全国新增并网风电、太阳能发电装机容量分别为7167万千瓦和4820万千瓦，新增并网风电装机规模创历史新高，新增太阳能发电装机也创下新高。"十三五"以来中国电力低碳转型稳步推进，非化石能源发电装机占比从2015年底的34.2%，提高到2020年底的43.4%，已经超额完成到2020年底的规划预期目标（39%），传统火电和水电电力产量占比稳中有降但依然保持较高比重。但电力需求增长的速度仍然超过了整个电力系统向低碳化方向转型的速度，迫使需要煤电扩张来填补电力消费的缺口。

从电力消费侧总量来看，中国电力消费在过去十年高速增长。自2010年以来，随着中国经济持续稳定发展，工业化城镇化进程不断推进，电力需求快速增长，年均增速为 8.1%。2020 年，全社会用电量为 7.51 万亿千瓦·时，同比增长 3.1%，比上年增速回落 1.3 个百分点（图 3-6）。各产业及城乡居民生活用电量均实现正增长，其中第一产业用电增速最快，而第三产业增速最慢。

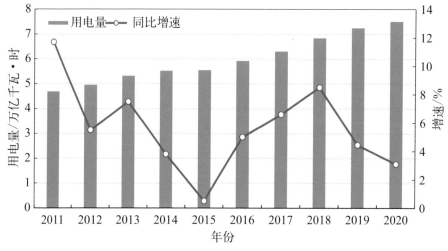

图 3-6　2011 ~ 2020 年全社会用电量及增速情况

从电力消费侧结构来看，约 70% 的电力被工业部门使用，20% 的电力流入商业服务业，10% 为居民用电。与工业相比，商业服务业生产单位增加值所用电力消费更小，而中国工业特别是高耗能的化工和金属冶炼压延加工业，在电力消费结构中占比偏大，导致中国电力强度偏高。此外，中国主要工业部门生产单位增加值电力消费量均不同程度高于世界主要工业国。这意味着一些工业产能技术落后，生产过程中用电效率不高，从而造成电力强度偏高。服务行业和居民用电效率同样不高。据估算，中国 2018 年服务业生产单位增加值电力消费量为 0.20 千瓦·时，相比于 2010 年增长 19.7%，为世界平均水平的两倍，高于世界其他主要经济体。此外，随着社会经济快速发展和人民生活水平不断提高，中国人均居民电力消费近年来也呈快速增长趋势，2018 年达到 0.72 千瓦·时，相比于 2010 年增长将近 90%，虽仍低于其他世界主要发达经济体，但节电空间依然很大。

3.2.2　主要研究机构对中国电力消费的分析预测

（1）电力供给　落基山研究所发布的《电力增长零碳化（2020—2030）》报告中指出，要实现碳达峰目标，中国仍必须新增大约 650 吉瓦光伏、600 吉瓦陆上风电、60 吉瓦海上风电、113 吉瓦水电和 66 吉瓦核电装机。2020 年，中国核准的光伏项目装机总量目前是 59 吉瓦，达到了实现 2030 年目标所需的年新增量，其中平价项目装机量为 33 吉瓦。核电方面，目前大约 12 吉瓦正在建设中、约 22 吉瓦已确定开工日期，66 吉瓦的新增目标是可以实现的。全球能源互联网发展合作组织基于不同的技术对我国未来电力装机总量及结构进行了详细的预估。如图 3-7 所示，对基于部分应用 CCUS 等碳移除技术条件下我国未来电源装机总量及结构的预测结果表明，我国煤电装机到 2025 年达峰，约 11 亿千瓦，占装机总量的 37.3%，到 2030 年将减至 10.5 亿千瓦，占装机总量的 27.6%，到 2060 年煤电将全部退出；我国清洁能源装机到 2030 年增至 25.65 亿千瓦，占装机总量的 67.5%，到 2050 年将增至 69 亿千瓦，占装机总量的 92%，到 2060 年将进一步增至 76.8 亿千瓦，占装机总量的 96%。具体结果如下：

到 2030 年，我国电源装机总量将增至 38 亿千瓦。其中煤电装机 10.5 亿千瓦；风电装机 8 亿千瓦；太阳能装机 10.25 亿千瓦；水电装机 5.54 亿千瓦；气电装机 1.85 亿千瓦；核电装机 1.08 亿千瓦；生物质及其他装机 0.82 千瓦；清洁能源装机占比 67.5%。到 2050 年，我国电源装机总量将增至 75 亿千瓦。其中煤电装机 3 亿千瓦；风电装机 22 亿千瓦；太阳能装机 34.5 亿千瓦；水电装机 7.4 亿千瓦；气电装机 3.3 亿千瓦；核电装机 2 亿千瓦；生物质及其他装机 1.7 千瓦；清洁能源装机占比 92%。到 2060 年，我国电源装机总量将增至 80 亿千瓦。其中煤电将全部退出；风电装机 25 亿千瓦；太阳能装机 38 亿千瓦；水电装机 7.6 亿千瓦；气电装机 3.2 亿千瓦；核电装机 2.5 亿千瓦；生物质及其他装机 1.8 千瓦；清洁能源装机占比 96%。

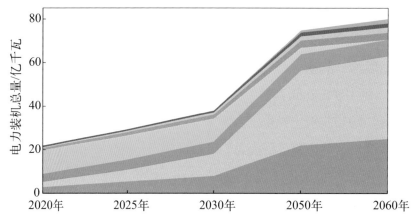

图 3-7 基于部分应用 CCUS 等技术情景下电源装机结构预测

如图 3-8 所示，考虑大规模应用 CCUS 等碳移除技术条件下，我国未来电源装机总量及结构的预测结果表明，我国煤电装机到 2030 年将增至 12.5 亿千瓦，占装机总量的 34.2%，到 2050 年减至 9 亿千瓦，占装机总量的 13.55%，到 2060 年将进一步减至 8 亿千瓦，占装机总量的 10.74%；我国清洁能源装机到 2030 年增至 21.1 亿千瓦，占装机总量的 57.73%，到 2050 年进一步增至 52.5 亿千瓦，占装机总量的 79.07%，到 2060 年将达到 61.5 亿千瓦，占装机总量的 82.55%。具体结果如下：

到 2030 年，我国电源装机总量将增至 36.55 亿千瓦。其中煤电装机 12.5 亿千瓦；风电装机 6.5 亿千瓦；太阳能装机 8.25 亿千瓦（光伏发电 8 亿千瓦、光热发电 0.25 亿千瓦）；水电装机 5.53 亿千瓦（常规水电 4.4 亿千瓦、抽蓄 1.13 亿千瓦）；气电装机 1.85 亿千瓦；核电装机 1.1 亿千瓦；生物质及其他装机 0.82 千瓦；清洁能源装机占比 57.73%。到 2050 年，我国电源装机总量将增至 66.4 亿千瓦。其中煤电装机 9 亿千瓦；风电装机 16 亿千瓦；太阳能装机 27.3 亿千瓦（光伏发电 26.5 亿千瓦、光热发电 0.8 亿千瓦）；水电装机 7.4 千瓦（常规水电 5.7 亿千瓦、抽蓄 1.7 亿千瓦）；气电装机 3.3 亿千瓦；核电装机 1.6 亿千瓦；生物质及其他装机 1.5 千瓦；清洁能源装机占比 79.07%。到 2060 年，我国电源装机总量将增至 74.5 亿千瓦。其中煤电装机 8 亿千瓦；

风电装机 19 亿千瓦；太阳能装机 32.5 亿千瓦（光伏发电 31.5 亿千瓦、光热发电 1 亿千瓦）；水电装机 7.6 亿千瓦（常规水电 5.8 亿千瓦、抽蓄 1.8 亿千瓦）；气电装机 3.2 亿千瓦；核电装机 1.8 亿千瓦；生物质及其他装机 1.7 千瓦；清洁能源装机占比 82.55%。

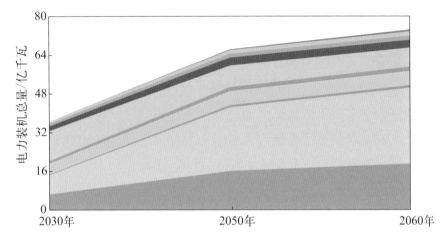

图 3-8　基于大规模应用 CCUS 等技术情景下电源装机结构预测

（2）电力需求　从电力需求总量来看，由于电气化是实现碳中和目标的重要途径，未来电力需求将持续增加。如表 3-2 所示，清华大学《中国长期低碳发展战略与转型路径研究》指出，在 2℃情景下，到 2050 年电力总需求将达 13.1 万亿千瓦·时以上，由于终端电力替代力度加大，电力总需求量将高于政策情景。根据国际能源署发布的《2050 全球净零排放》报告，在碳中和情景下，中国终端能源需求将逐渐减缓，并于 2030 年前后开始呈下降趋势，而电力需求则将保持持续快速增长态势，2050 年总需求相比 2020 年增长 60%。为了在满足不断增长的电力需求同时，推动电力行业的低碳转型，低碳电源装机特别是风能和光伏年均增速需要达到 170 吉瓦，大大超过了 2020 年中国刚刚创造的 120 吉瓦风能和光伏装机的年增长纪录。如果碳捕集与封存技术和核电产能发展受到制约，风能和光伏装机则需要进一步提速。实现如此快速的低碳电力增长，对任何一个国家来说都将是一个巨大的挑战。国际能源署发布的《中国能源体系碳中和路线图》指出，在碳中和情景下，2060 年中国电力需求预计较 2020 年将翻一番，电力生产在 2055 年前完成脱碳；电力在中国终端能源需求中所占比例将从 2020 年的 25% 上升至 2060 年的 66%。

从电力需求结构来看，国际能源署发布的《中国能源体系碳中和路线图》指出，2060 年，碳中和情景下工业用电 7000 太瓦·时，约 13% 用于生产电解氢；2060 年，建筑行业电力需求增加 60%，约为 3700 太瓦·时；随着电池技术的改进，电力占道路运输能源使用的三分之二左右，约为 2300 太瓦·时。清华大学《中国长期低碳发展战略与转型路径研究》分析指出，2℃ 情景下，2030 年工业用电量约为 6.06 万亿千瓦·时，2050 年约为 7.80 万亿千瓦·时，分部门的用电量情况如表 3-2 所示。

表 3-2　不同情景下未来电力需求构成（万亿千瓦·时）

项目	2020 年	2030 年				2050 年			
		政策情景	强化政策情景	2℃情景	1.5℃情景	政策情景	强化政策情景	2℃情景	1.5℃情景
工业	4.59	5.66	5.87	6.06	6.27	6.21	6.67	7.80	7.99
建筑	1.87	2.60	2.56	2.51	2.59	4.06	3.87	3.68	3.92
交通	0.22	0.29	0.37	0.42	0.56	0.32	0.55	0.79	1.59
其他部门和损失	0.59	0.63	0.65	0.63	0.62	0.78	0.82	0.86	0.76
电力总需求	7.27	9.18	9.45	9.61	10.04	11.38	11.91	13.13	14.27

注：数据来源于《中国长期低碳发展战略与转型路径研究》。

未来能源消费将以电力为主体，电力需求还有较大增长空间。在电力需求侧，终端部门电气化水平将显著提升；在电力供给侧，非化石能源发电占比将快速增加。由于煤电装机规模大、服役时间短、碳排放总量高、转型难度大，化解煤电结构性风险迫在眉睫。未来的电力生产结构转型，需要严控新增煤电，淘汰落后产能；推动煤电转型，有序实现改建；科学发展气电，发挥调峰作用。具体而言：

需要控制化石能源电力生产总量，转变煤电定位，为清洁能源发展腾出空间。严控东中部煤电新增规模并淘汰落后产能，开展煤电灵活性改造。2030 年后，煤电加快转型，逐步有序退出。实现"煤电＋CCUS"耦合性发展，实现近零碳排放。

需要积极有序地推进可再生能源电力发展，优化电力生产布局。大力发展陆上风电，稳步推进海上风电，加快西部和北部大型风电基地、东南沿海海上风电基地和东中部分散式风电建设。大力发展太阳能发电，集中式分布式协同；加快西部和北部大型太阳能发电基地、东中部分布式光伏建设。发挥水电基础保障作用，加快抽水蓄能电站建设。加大核电关键技术突破创新，安全有序发展核电。

3.3　能源碳排放现状及预测

3.3.1　现状与特点分析

温室气体指代任何会吸收和释放红外线辐射并存在于大气中的气体，主要包括二氧化碳、甲烷、氧化亚氮等。由于二氧化碳对全球升温的贡献最大，而约 88% 的二氧化碳排放来源于能源活动，所以将聚焦能源活动的二氧化碳排放展开分析。能源活动碳排放包括能源生产和能源使用过程中的碳排放。前者包括电力生产、热力生产、液体燃料生产等，后者则涉及工业、交通、建筑等领域。

3.3.1.1 碳排放总量

长期以来，我国以工业为主导的产业结构导致经济增长对能源产生了很强的依赖性。粗放式的资源依赖性经济发展模式，在不断提升工业化和城镇化水平的同时，也导致了大量的能源需求和二氧化碳排放。我国碳排放总量与能源消费总量呈现出相似的增长趋势（图 3-9）。总体而言，我国二氧化碳排放量呈现持续增长的趋势，排放总量从 1965 年的 4.89 亿吨增加到 2020年的 99.0 亿吨。观察我国的碳排放变迁史可知，大致可以将碳排放进程分为"缓坡期—陡坡期—平台期"三个阶段。1965 ~ 2000 年为碳排放增长缓坡期，碳排放年均新增 0.8 亿吨；2001 ~ 2011 年，我国经济处于快速腾飞阶段，以高耗能产业为代表的能源密集型产业逐渐成为了拉动经济增长的内生来源，使得碳排放水平和增速不断增加，二氧化碳排放进入陡坡期，碳排放年均新增 5.3 亿吨。值得注意的是，进入 2011 年以后，由于政府开始出台节能减排的相关政策，使得碳排放增速变缓。碳排放总量在 2013 年前后

图 3-9　1965 ~ 2020 年我国能源消费和二氧化碳排放量变化趋势

数据来源：《BP世界能源统计年鉴（2021）》

出现阶段性峰值后持续高位波动至 2020 年的 99 亿吨，进入平台期，碳排放年均新增 0.9 亿吨。

2020 年，我国能源活动二氧化碳排放 99 亿吨，占世界排放总量的 29%，是全球第一大排放国。由于疫情的有力控制，经济快速复苏带来的能源需求增长使得我国碳排放总量仍处于缓慢增长的过程。但从碳排放强度来看，2000 ～ 2019 年间能源碳排放强度整体呈降低趋势，其强度从 3.35 吨 / 万元下降到 0.99 吨 / 万元（图 3-10）。我国在 2015 年《中共中央国务院关于加快推进生态文明建设的意见》中设定的 2020 年的碳排放强度下降 40% ～ 45% 的目标已提前实现。这主要是由于从中央到地方都在扎实推进煤炭消费替代和电能替代，逐步提高非化石能源在能源消费中的比重，实现能源的清洁利用。此外，低碳技术进步和产业结构调整使得对能源的利用效率不断提高。我国经济高质量低碳转型发展已经卓有成效，单位 GDP 所产生的碳排放量在逐步减少。

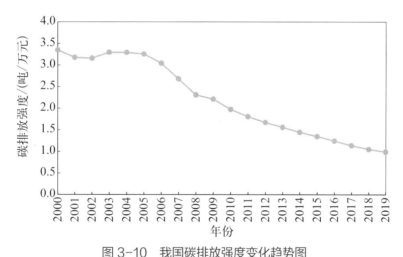

图 3-10　我国碳排放强度变化趋势图

数据来源：中国碳核算数据库（CEADs），《中国能源统计年鉴》

3.3.1.2　分区域碳排放

由于经济发展的不平衡以及能源禀赋结构的差异，我国不同区域之间的二氧化碳排放量存在较大的差异。我国碳排放区域分布呈现不均衡特征。2019 年，华北、华东、西北为最大的碳排放量来源地，三个地区排放量为 84 亿吨，约占全国总排放量的 68%，而华中、西南、华南地区的碳排放较少，后三个地区碳排放量为 28 亿吨，仅占全国总排放量的 22%（图 3-11、图 3-12）。

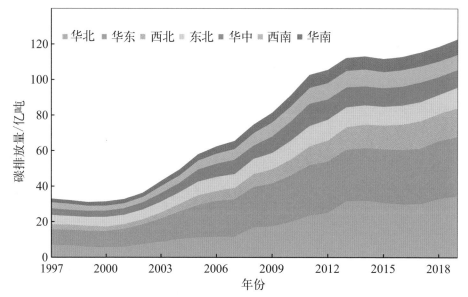

图 3-11　按区域分类的中国碳排放量变化情况（1997～2019 年）

数据来源：中国碳核算数据库（CEADs）

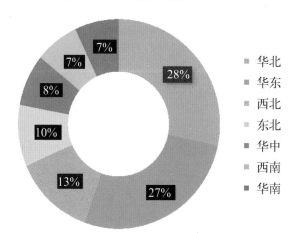

图 3-12　我国碳排放量区域结构（2019 年）

数据来源：中国碳核算数据库（CEADs）

此外，碳排放的省份（自治区）集中度较高，且高排放省份（自治区）特征鲜明（图3-13）。高排放省份（自治区）分为两类：第一，排放型省份（自治区），经济发展依赖高排放产业，包括山西（煤炭）、山东（石化）、内蒙古（煤炭）、辽宁（钢铁）、河北（钢铁）、新疆（石化）；第二，集群型省份（自治区），省内城市群密集，或人口数量较大，经济活动量较大，如江苏、广东。值得注意的是在省（自治区）级层面，由于各地区之间错综复杂的电热供需关系，各省（自治区）的综合碳排放测算可能会存在一定误差。

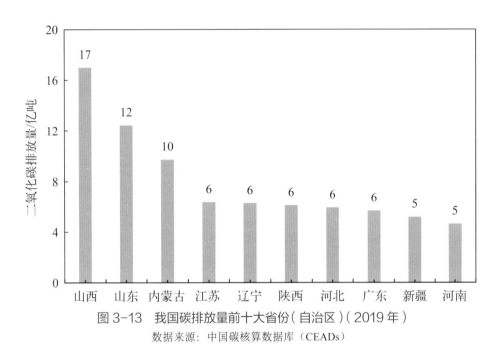

图3-13　我国碳排放量前十大省份（自治区）（2019年）

数据来源：中国碳核算数据库（CEADs）

3.3.1.3　分行业碳排放

以高耗能产业、重工业为代表的第二产业在产业结构中长期占据主导地位，这是造成我国碳排放量居高不下的主要成因。虽然2019年我国第二产业增加值占GDP比重下降到39%，但传统"三高一低"（高投入、高能耗、高污染、低效益）的产业占比仍然较高。传统增长模式和传统产业存在着发展路径锁定等特征，这使得在三次产业中，第二产业长期占据排放主流，

2000～2019年间第二产业碳排放量占排放总量的比重长期维持在85%左右（图3-14）。

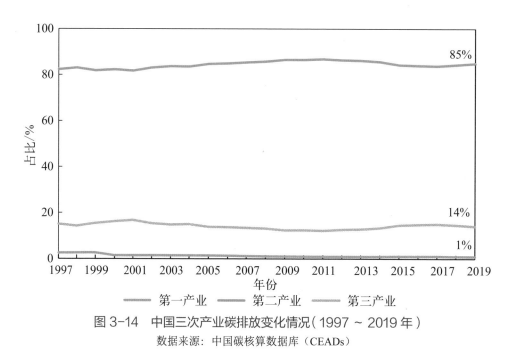

图 3-14　中国三次产业碳排放变化情况（1997～2019年）

数据来源：中国碳核算数据库（CEADs）

　　此外，我国碳排放呈现出明显高行业集中度特征。2019年，中国碳排放量最高的行业依次为电力、热力生产和供应业（46亿吨），黑色金属冶炼和压延加工业（19亿吨），非金属矿物制品业（11亿吨），交通运输、仓储及邮电通信业（7亿吨）。电力和热力部门成为碳排放的主要行业，且碳排放呈上升趋势（图3-15）。排放的高行业集中度特征使得低碳转型进程需要十分谨慎，以免过度转型附加的能源成本影响产业的出口竞争力。

　　电力行业是我国碳排放占比最大的单一行业（图3-16）。虽然从2018年开始，电力行业碳排放占比稍有回落，但依然占据着较大比例。2020年我国电力行业碳排放约43亿吨，约占总排放量的44%。2020年我国煤电装机高达10.4亿千瓦，约占全球煤电总装机的50%。因而，电力行业的低碳转型本质上即为煤电产业的逐步退出和改造的进程。

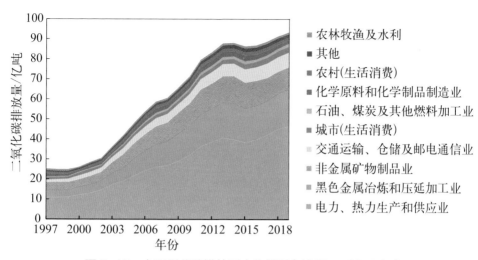

图 3-15 主要行业碳排放量变化情况（1997 ～ 2019 年）

数据来源：中国碳核算数据库（CEADs）

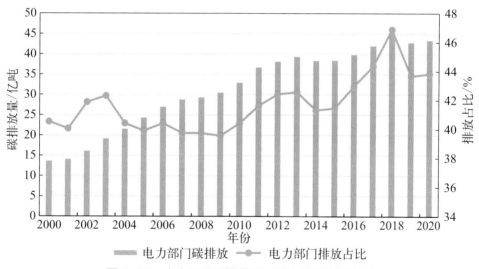

图 3-16 电力行业碳排放量及其占总排放量比例

数据来源：中国碳核算数据库（CEADs）

3.3.1.4 分能源品种碳排放

经济发展引致的能源需求是产生碳排放的主要动因。因此，需要厘清煤炭、石油、天然气等不同化石能源品种使用导致的碳排放。

从能源品种看，如图 3-17 所示，1997 ～ 2019 年中国能源碳排放中煤炭产生的 CO_2 排放是碳排放的主要来源，石油碳排放占比较为稳定，天然气碳排放占比则呈上升趋势。2019 年，中国煤炭、石油、天然气消费所产生的 CO_2 排放量分别为 72 亿吨、21 亿吨、5 亿吨，占中国能源碳排放的比重分别为 74%、21%、5%。这主要是由于"一煤独大"的能源消费结构所致，2019 年中国煤炭消费量为 39.26 亿吨，占全国能源消费的 58%，因而带来了大量碳排放。能源系统低碳转型依然任重而道远，未来需要加速清洁能源替代进程。

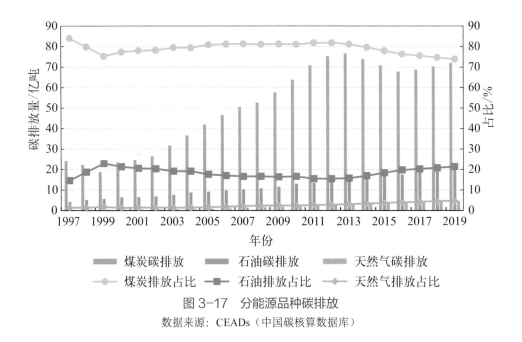

图 3-17 分能源品种碳排放

数据来源：CEADs（中国碳核算数据库）

3.3.2 总量与结构预测

通过梳理和综合研判不同机构的预测结果，发现我国一次能源消费量在 2030 年左右达峰，峰值为 52.6 亿～ 61.4 亿吨标准煤，均值为 56.3 亿吨标准煤；能源相关碳排放在 2025 ～ 2030 年间达峰，峰值为 98 亿～ 111 亿吨，均值为 104 亿吨（表 3-3）。

表 3-3　不同机构对于碳排放达峰时间节点的预测

碳达峰方案	能源消费 / 亿吨标准煤		碳排放量 / 亿吨	
	达峰时间 / 年	达峰量	达峰时间 / 年	达峰量
中国石油集团经济技术研究院碳中和情景	2030	56.0	2025	102
国家电网深度减排情景	2025	55.4	2025	100
国家电网零碳情景	2030	57.3	2025	102
挪威船级社	2030	61.4	2030	111
英国石油公司快速转型情景	2030	52.9	2020	100
英国石油公司净零情景	2030	52.6	2020	100
清华大学 2℃情景	2030	56.4	2020	102
清华大学 1.5℃情景	2025	54.0	2020	102
上海交通大学基准情景	2035	59.5	2030	105
上海交通大学强化低碳情景	2030	55.2	2020	100
全球能源互联网	2035	60.3	2025	107
中国石油化工集团经济技术研究院	2030	55.3	2025	98
奥夫公司（AFRY）咨询情景	—	—	2030	109
平均值	2030	56.3	2025	104

　　综合参考各家机构的预测结果，可以发现，在实现碳中和目标的 40 年中，总体上可分为"三个阶段"：2020 ～ 2025 年碳总量减缓上升阶段，2025 ～ 2030 年碳总量由波动下行到稳中有降，2030 ～ 2060 年碳总量加速下降阶段。

从碳排放的下降轨迹来看，实现能源系统碳中和总体可按照尽早达峰、稳定排放、快速减排、全面中和四个阶段有序实施。碳中和需要近40年的奋斗期，经过达峰期（2030年前）—平台期（2030～2035年）—减排期（2035～2050年）—攻坚期（2050～2060年）四个阶段才能最终实现。具体发展阶段如下。

尽早达峰阶段（2030年前）：以化石能源总量控制为核心，能够实现2035年左右全社会碳达峰，能源活动峰值为105亿～110亿吨。具体碳达峰时间取决于电力需求增长何时完全由非化石能源满足。

稳定排放阶段（2030～2035年）：煤炭消费逐渐由电力系统集中，煤炭在未来能源结构中的兜底保障和对新能源发展的支撑作用，以及日益增长的能源安全和成本安全保障、可靠性调峰作用将愈发凸显。

快速减排阶段（2035～2050年）：2050年前电力系统实现近零排放，标志我国碳中和取得决定性成效。BECCS（生物质能碳捕集与封存）和煤电CCUS发挥着重要作用，其中CCUS是煤电价值发挥的必须。

全面中和阶段（2050～2060年）：以深度脱碳和碳捕集、增加林业碳汇为重点，能源和电力生产进入负碳阶段，2055年左右实现全社会碳中和。2060年通过保持适度规模负排放，控制和减少我国累积碳排放量。

能源供需规模总量持续增长，与此同时能源系统需要在较短时期内实现脱碳，这构成了中国经济社会与能源转型发展的重大挑战。从供给侧看，中国能源供应持续增长，供应保障水平不断提高。从需求侧看，随着经济总量的持续扩张，中国能源消费总量不断上升。总体而言，中国一次能源供给和消费呈现出"煤炭占比持续下降，油气占比波动震荡，清洁能源占比持续上升"的特征。从能源生产结构来看，非化石能源生产比重稳步增长，中国水电、风电、光伏、在建核电装机规模等多项指标稳居世界首位。从能源消费结构来看，清洁能源消费份额持续上升，主要表现为天然气及非化石能源消费占比的明显上升。

电力系统是能源转型的关键领域。电力系统仍在负重前行，但整体效率提升潜力巨大。从电力供给侧来看，目前电力需求增长速度超过电力系统低碳化转型速度，传统火电和水电电力产量占比稳中有降但依然保持较高比重。从电力消费侧来看，电力消费结构的不合理是导致中国电力强度偏高的主要原因。随着产业低碳转型的逐步推进，电力行业效率提升的潜力依然很大。

　　煤炭清洁高效利用与低碳化转型将决定中国能否平衡兼顾好"能源不可能三角"。未来煤炭利用依然是碳排放的主要来源，石油碳排放占比较为稳定，天然气碳排放占比则呈上升趋势。国民经济的平稳发展离不开可持续、安全、稳定的能源供应，而煤炭在能源供需体系中则发挥着"压舱石"和"稳定器"的作用。碳排放约束对煤炭产业发展的制约逐步从隐性转为显性，如何平衡碳减排与煤炭利用间的矛盾，将是煤炭产业长期面临的问题和挑战。

Toward Carbon Neutrality:
Clean and Efficient Use of Coal，
Transformation and
Development of
Economic Society

碳中和下煤炭清洁高效利用与经济社会转型发展

煤基能源发展路径与
CCUS 应用潜力

煤基能源产业是以煤炭为基础，由煤炭开发、储运、利用及转化等多个涉煤行业组成的产业体系。其中，煤炭开发主要指煤炭的开采环节，煤炭利用主要涉及发电用煤、工业用煤以及民用散煤等，煤炭转化主要是指代煤化工产业。煤炭在支撑我国经济快速增长、保障能源供应安全稳定的同时，也成为我国 CO_2 等温室气体排放的最大源头。2020 年已探明煤炭储量占我国化石能源储量的 90% 以上，煤炭产量和消费量分别为 39.6 亿吨和 40.4 亿吨，在一次能源生产和消费中分别占比 69.3% 和 56.8%，煤电发电量约 4.6 万亿千瓦·时，占总发电量的 60.7%。与煤炭相关的直接碳排放约为 74.4 亿吨，占全国总碳排放比重约为 75.5%。我国积极承担碳减排的国际义务，对煤基能源产业的发展提出了新的挑战。随着"双碳"目标的提出，煤炭的可持续发展长期面临碳排放约束的压力和挑战，碳排放约束对煤炭企业发展的制约逐步从隐性转为显性，煤基能源产业低碳转型升级迫在眉睫。

其中煤电产业链包括煤炭开采、运输、储存、燃烧等环节，与之相关的还有煤制气、煤化工等领域。同时，煤电行业作为电力行业的主力军，也事关电力系统低碳转型和新型电力系统建设。CCUS（碳捕集、利用与封存）技术作为高碳行业低碳转型的重要手段，可以在降低碳排放的同时保持其生产效率，实现可持续发展。随着 CCUS 技术持续发展，其已经成为煤电行业清洁转型的关键手段。

基于此，本章梳理了煤基能源产业对经济社会发展的历史贡献和未来定位，探讨了"双碳"目标下煤基能源产业中长期发展路径，并结合 CCUS 技术分析了煤基能源自身转型实现低碳化发展的潜力与可行性，为"双碳"目标下的未来煤基能源行业优化发展提供参考意见。

4.1　经济社会发展中的煤基能源历史贡献与未来定位

4.1.1　煤基能源产业历史贡献

　　自改革开放以来，煤基能源为 40 余年的经济高速发展提供了基础能源保障，是国民经济发展重要的支撑产业。在 2012 年以前，煤炭在一次能源结构中的比重长期在 68% 以上，当前占比仍超过 55%。基于我国煤炭供给及需求的庞大体量，煤基能源产业长久以来对经济发展起到重大支撑作用。在新中国成立初期，煤炭几乎是以一己之力支撑全国经济发展建设，1953 年煤炭在我国一次能源结构中的占比高达 94.4%，到 1961 年也仍占 90% 以上。改革开放后，我国的煤炭消费在一次能源结构中的比重长期占六成以上，作为我国重要的基础能源产业，有力地支撑了国内生产总值年均 9% 以上的快速增长。直到现在，煤基能源产业仍在经济发展中扮演着重要角色，2020 年我国规模以上煤炭企业主营业务收入 2 万亿元，规模以上煤炭企业利润 2223 亿元，有力支撑了国家税收和经济发展。煤电产业是实现电力安全稳定供应和推动经济平稳增长的基石，现代煤化工产业则为保障能源安全提供切实可行的现实路径。由此可见，煤基能源产业对于支撑社会经济发展做出了较大的贡献。

　　煤基能源产业的投资规模及资本存量大，也是煤基产业的另一大特点。截至 2020 年底，全国煤炭开采和洗选业资产合计达 5.6 万亿元。同样，近年来投产的大量特大型高产高效矿井，在目前煤炭生产结构中也占据较大比例。此外，规模效应使得煤基能源产业的从业人员和利益相关者众多。在煤炭行业黄金 10 年中，相关企业一度提供了高达 530 万的就业岗位。2020 年煤炭企业从业人员接近 285 万人，并间接地带来了数百万的服务业就业岗位。庞大的煤基产业链提供的就业岗位为维持社会平稳发展做出了巨大贡献。

当前我国正处于工业化、城镇化的快速发展时期，能源需求伴随经济水平持续快速增长。"富煤、贫油、少气"的资源禀赋使得煤基能源产业在支撑我国经济社会发展方面发挥了重要作用。以三大基础性煤基能源产业为例，煤炭、煤电、煤化工为促进我国经济社会发展做出了巨大贡献。

4.1.1.1 煤炭是保障能源安全稳定供应的基础

我国庞大的能源消费量和煤炭在一次能源中的比重，决定了煤炭是保障能源安全稳定供给的基础。如图4-1和图4-2所示，2020年，煤炭占一次能源生产和消费的比例分别为67.6%和56.8%，在能源供应体系中发挥着"压舱石"和"稳定器"的作用。煤炭作为煤电和供热的主要燃料、钢铁冶炼和化工利用的原料，以其资源可靠性和价格低廉性有力地保障国民经济的高速发展。我国目前处于工业化、城镇化发展的中后期，能源需求总量仍有增长空间，而煤炭储量占我国化石能源储量的90%以上，是稳定、经济、自主保障程度最高的能源。以煤为主的能源生产与消费结构导致了日益增大的气候环境压力，逐年上升的油气对外依存度意味着较大的能源安全风险。当前

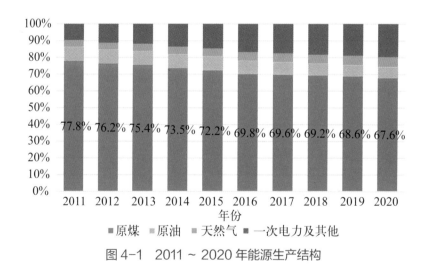

图4-1　2011～2020年能源生产结构

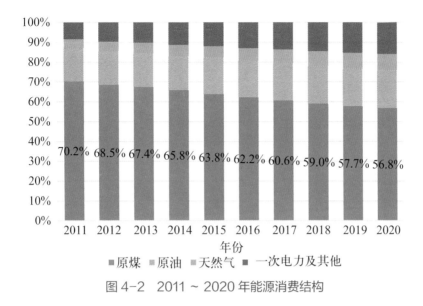

图 4-2　2011 ~ 2020 年能源消费结构

世界能源格局正处在重塑阶段，地缘政治的复杂性为油气进出口带来了较多不确定性。在国际政治经济形势不确定性日益增加的大环境下，我国油气对外依存度高的严峻局面短期内不会发生根本性转变，因而充足的煤炭供应为缓解日益趋紧的能源安全形势起到了重要作用。

4.1.1.2　煤电是利用现有能源基础设施的关键

以煤为主的资源禀赋也催生了以煤电为主的电源结构。2010 ~ 2020 年我国火电电力工程建设累计投资 1.1 万亿元，形成了大量的先进火电机组。截至 2020 年，我国煤电总装机 10.8 亿千瓦，占全球总装机的 50.6%，其中超临界、超超临界燃煤机组占总煤电装机的 55%，平均供电煤耗为 304.9 克标准煤 /（千瓦·时），然而这些机组平均服役年限却仅约为 11.6 年。可见，煤电机组呈现"存量大、机组新、效率高"的特征。由于技术路径锁定效应，大量先进的煤电机组短期内难以退出。在没有经济可靠的大规模储能技术支撑的情况下，如果强行转变能源供应模式，淘汰现有能源基础设施，不仅会给相关企业造成高额的沉没成本与财务负担，更会对电力系统的安全与稳定构成威胁，并造成资源配置的无效率。因此，煤电将在短期内占据电源生产结构中的主导地位。

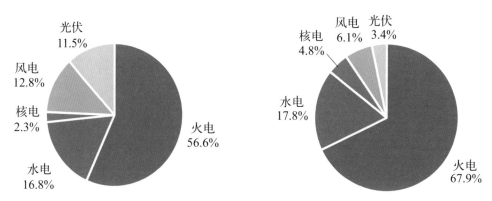

图 4-3 2020 年电力装机（左）和发电结构（右）

在煤炭长期占据主体能源的情况下，燃煤发电成为主要的煤炭利用方式，每年消耗约一半的煤炭，导致以燃煤发电为主导的电力生产模式（图 4-3）。由于电力和热力需求的快速增长，中国的煤电装机容量从 2000 年的 2.2 亿千瓦增加到 2020 年的 10.8 亿千瓦，而火电无论在装机占比还是发电占比方面都占据着绝对的主导地位。根据中国电力企业联合会发布的《中国电力行业年度发展报告 2021》显示，截至 2020 年底，煤电装机占发电装机总量的 49%，其中约 88% 的煤电机组达到了超低排放限值。煤电发电量约为 4.6 万亿千瓦·时，占总发电量的 60.7%。此外，中国拥有全球最先进的煤电机组，高效大功率的超临界、超超临界燃煤机组占总煤电装机的 55%。在资源消耗和综合利用方面，2020 年，全国 6000 千瓦及以上火电厂供电标准煤耗达到世界领先水平，为 304.9 克标准煤/（千瓦·时）。在污染物控制方面，2020 年全国单位火电发电量烟尘、二氧化硫、氮氧化物排放量约为 0.032 克/（千瓦·时）、0.160 克/（千瓦·时）、0.179 克/（千瓦·时），处于世界先进水平。

4.1.1.3　现代煤化工是煤炭清洁高效利用的有效途径

现代煤化工产业就是实现资源优势互补的重要手段。我国现代煤化工产业经过多年的发展，产业发展已形成一定规模。2020年煤制油、煤制气、煤制烯烃、煤制乙二醇的产能分别为923万吨/年，90亿立方米/年，1463万吨/年，491万吨/年。企业示范项目关键技术实现整体突破，工程示范取得重大成效，园区化、基地化格局初步形成。现代煤化工产业将实现煤炭的清洁高效利用进而保障能源安全。

在煤化工领域，煤炭发挥了重要作用。煤化工利用化学加工技术将煤转化为气态、液态和固态燃料，以及相关化学品。随着技术进步和工艺流程的优化，以煤为原料进行化学加工不仅可以生产传统的煤化工产品，还可以生产越来越多的新兴煤基燃料和化学品，这就形成了现代煤化工产业。总的来说，传统的煤化工主要依赖于煤焦化工艺，包括焦炭、电石、合成氨和甲醇四个传统煤化工行业。而现代煤化工则以煤气化和煤液化技术为核心，生产煤制油、煤制气以及煤制化学品等，产业延伸更长，技术更为复杂。目前，传统煤化工和现代煤化工在发展目标和方向上存在本质的差异。一方面，我国的传统煤化工产业规模巨大，技术水平高，生产的化学产品主要用于有效支持经济社会的长期发展；另一方面，随着技术和设备的更新，现代煤化工产业必将逐步提高经济性，通过工业途径生产具有成本优势的石油和天然气替代品，有效缓解我国能源供应和能源安全的压力。

4.1.2 煤基能源产业未来定位

4.1.2.1 "双碳"目标下的能源需求与煤炭消费总体展望

按照党的十九大部署和"十四五"规划纲要要求，我国要用5年的时间由中等收入阶段跨越到高收入阶段，进而到2035年接近和初步达到发达国家发展水平。如图4-4所示，目前我国的经济总量已经位居世界第二，但在人均GDP方面还与一般发达国家水平有一定差距。考虑2020年低基数效应和我国面临的复杂国际环境压力，意味着"十四五""十五五"和"十六五"的GDP平均增速分别为5.9%、4.6%和3.9%，15年的年均增速约4.8%，到

2035 年人均 GDP 要达到 2 万美元以上（按 2020 年固定价格计算），较 2020 年翻一番（按 2020 年固定价格计算）。2036 ～ 2050 年的 15 年时间，建成社会主义现代化强国，预计 2036 ～ 2050 年 GDP 平均增速达到 2.9%，到 2050 年人均 GDP 较 2035 年提高 60%。参考欧盟等发达国家在 1997 ～ 2008 年两次危机之间的平均发展增速，我国在 2050 ～ 2060 年仍将保持 2.5% 左右的年均增速，到 2060 年人均 GDP 将较 2035 年增长约一倍。

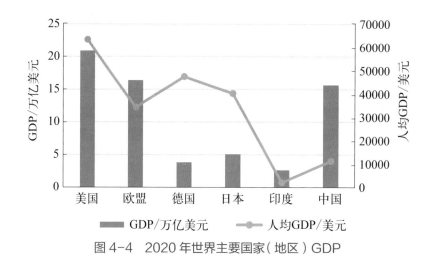

图 4-4　2020 年世界主要国家（地区）GDP

　　在实现碳达峰碳中和进程中，煤炭仍具有重要作用。展望未来，煤炭既要做好"减"的工作，又要履行"保"的职责，确保实现能源供应系统及电力系统运行安全，以及碳达峰碳中和双重目标。2020 年，中国煤炭消费量 40.4 亿吨，在一次能源消费结构中的占比约 57%。按照国家既定规划，煤炭消费有望进入平台期，到 2030 年前预计稳定在 40 亿吨以上；此后稳步下降，碳排放达峰后，煤炭消费或将要进入快速下降和深度减排期，为确保达成碳中和目标，2050 ～ 2060 年，煤炭消费量可能降至 10 亿吨左右。

4.1.2.2　煤基能源产业的功能定位转变

　　在"双碳"目标和高质量发展等新发展理念的要求下，我国煤基能源体系在低碳绿色可持续发展方面将发生深刻变革。在能源低碳转型的大趋势下，煤炭在未来能源结构中承担着可靠性调峰的兜底保障作用和对新能源发展的支撑作用，有力保障着能源安全。碳中和需要近40年的奋斗期，经过达峰期（2030年前）—平台期（2030~2035年）—减排期（2035~2050年）—攻坚期（2050~2060年）等多个阶段才能最终实现。煤炭消费将随着碳达峰碳中和进程逐步减少是大势所趋，相应地，煤炭地位将经历主体能源—基础能源—保障能源—储备能源的转变，发挥的作用将经历由提供生产用电向应急调峰、战略储备的转变。

与此同时，煤炭利用方向发生深刻变化，由燃料为主转向原料与燃料并重。一方面，"双碳"目标下，我国风、光等可再生能源装机规模将大幅增加，而可再生能源电力波动性大，需要利用燃煤发电的稳定性，为新能源平抑波动提供基底。另一方面，我国富煤缺油少气，煤炭作为原料在现代煤化工（煤制烯烃、芳烃等）和煤基高端材料（碳纤维、石墨烯、炭质还原剂、高端活性炭等）生产方面仍有一定应用空间，并将逐步成为我国碳中和进程中煤炭的主要利用方式之一。

煤基能源产业与CCUS技术融合发展是基于特定国情禀赋实现我国大规模煤基能源低碳转型的可行路径。碳达峰碳中和目标倒逼煤炭行业改变过去几十年"引进—消化—吸收—再创新"的延续式创新路径模式，煤炭行业将由此迎来实现颠覆性创新的机遇。在"技术为王"的低碳新时代，煤炭行业能否成功转型取决于低碳科技的发展，取决于其能否支撑煤炭利用实现全过程实现绿色、清洁与低碳。为此，必须要集聚优势创新资源，加大力度主攻煤炭安全智能生产、清洁低碳高效利用等低碳转型关键技术与装备，使其早日成为高精尖技术产业。

4.2 "双碳"目标下煤基能源产业中长期发展路径分析

中国的能源改革面临着严峻的碳约束压力，需要逐步深化改革措施。在这个过程中，清洁能源将逐渐取代化石能源，可再生能源电力将逐步替代煤电，这是一个双重更替的过程。同时，煤炭行业也需要提高质量和效率，进行转型升级，以适应新的能源发展趋势。中共中央国务院印发的《关于完整准确全面贯彻新发展理念做好碳达峰碳中和工作的意见》中指出："十四五"时期严格合理控制煤炭消费增长，"十五五"时期逐步减少。从当前我国煤炭供需流向图可以发现，煤电、工业、煤化工、散煤仍然是当前煤炭消费的主体，减煤退煤的重点也是这些产业。本节系统分析各行业未来的发展优化路径。

4.2.1 面临形势及转型升级方式与途径

煤基能源相关产业既是经济增长的基础，也是碳排放的来源。一般而言，碳减排的主要手段包括四类：一是控制化石能源消费总量；二是提高能源利用效率；三是进行清洁能源替代；四是应用减排技术。对于碳约束下的煤基能源产业减排，同样可以从这四个角度着手设计减排路径。

4.2.1.1 统筹产业结构升级，控制煤炭消费总量

煤炭在能源结构中的主体地位由资源禀赋决定，同时也对经济产业结构产生了路径依赖。长期以来，以煤基能源为基础的产业结构为我国经济发展作出了巨大贡献，未来控制煤炭消费的关键手段就是统筹产业结构升级，逐渐摆脱经济社会发展对煤炭的依赖。从产业结构来说，煤电行业、煤化工行业、钢铁行业和水泥行业是我国的耗煤四大行业，也因此成为我国的碳排放"大户"。未来要进一步统筹煤基能源产业结构升级，同时应严格控制煤电装机总量，不再新增双高项目，并逐步退出存量双高项目。同时，要从源头减少煤炭不合理的消费增长。中国煤炭的主要流向主要包括四个方面：散煤利用、工业用煤、煤化工行业以及燃煤发电。其中，散煤利用往往是所有煤炭利用方式中污染最大、碳排放最高的煤炭终端流向。针对散煤，利用行政干预手段，加以强有力的环保督察，来完全禁止燃烧散煤，使得能在短期内完

全实现在散煤燃烧方面的退煤工作。其他用煤的工艺往往以燃烧利用，难以直接剔除或替代。因此，随着国内对于相关工业产品的需求逐步放缓，要配合国家去产能政策，防止产能过剩造成的煤炭增长，有效引导主要用煤工业部门的产业升级以及产业转型。

4.2.1.2　加快消费结构升级，提升综合利用水平

中国的煤炭消费主要集中在工业用途上，而居民生活用煤的需求相对较低。工业用煤中，钢铁、非金属矿物制品、化学原料和制品以及有色金属冶炼四个行业使用超过 50% 的煤炭。同时，煤炭的生产和工业消费是整个产业链中中间损耗最高的两个环节。因此，在未来中国需要提高煤炭整个产业链的使用效率，减少煤炭在运输、生产和使用阶段的耗损。具体来说，应该通过将煤炭从单一的燃料转变为原料和燃料的双重利用，提高煤炭消费的附加值，提升煤炭的综合利用效率。考虑到中国长期的经济发展和健康的产业结构，像钢铁和化工等行业不可能完全实现产业跨国转移或产业退出，因此这些行业对煤炭的需求将无法完全消失。

因此，中国还需要在控制煤炭消费总量的前提下，采取更为细化、差异化的政策措施，促进煤炭消费结构调整，推动用煤行业向更加清洁、高效、低碳、环保方向发展，实现经济与环境的协同发展。针对那些无法替代和取消用煤的行业，应助推煤炭低碳清洁高效利用，尽可能实现"用煤（碳）不排碳"或"用煤（碳）少排碳"。另外，为了促进全流程碳减排，需要进一步改善产业布局和流程结构，调整产业结构，推动装备向大型化、智能化和绿色化方向发展，实现工艺和装备的智能化和规模化升级。同时，为了确保能源安全，还需要扩大那些战略性用煤产业的规模，比如现代煤化工产业，从而提高国家的自给自足能力。

4.2.1.3　强化功能结构升级，全面支撑新型系统

在中国社会从高碳到低碳发展的过程中，能源需求总量还要不断增加，

需要多种能源互补融合来助力碳中和。随着碳达峰、碳中和进程的逐步推进，煤炭作为国内碳排放的最主要来源，煤基能源产业的发展必须服务于大局，为可再生能源发展"让路"，新能源大规模开发利用并逐渐替代煤炭等传统能源已经成为必然趋势。未来煤基能源产业的发展将逐步从追求发展数量转变到追求发展质量，从产能野蛮扩张转变为绿色节能发展。中央政府明确提出严控煤电项目，"十四五"时期严控煤炭消费增长、"十五五"时期逐步减少。出于对中国目前能源结构和经济发展的考量，煤炭在能源结构中的作用短时间内还难以被完全替代，因而煤炭的清洁高效利用是发展的重点。与常规能源相比，风、光等可再生能源具有显著的波动性、间歇性和随机性特征，可信度仅有 5% ～ 10%。尽管整个社会向可再生、可持续的低碳社会迈进，煤炭产业也将在诸多方面为保障国家能源安全保驾护航，煤炭资源将是新型能源结构不可或缺的一部分。例如，可再生能源发电的电力系统调节能力严重不足，此类电源的大规模接入将给电力系统稳定性和安全性带来严峻挑战。

未来煤电将更多发挥兜底保障作用，定位将由主体性电源向提供可靠容量、调峰调频等辅助服务的基础性电源转型，更多承担应急备用和调峰角色，煤电依然是保障电网安全的"压舱石"和"稳定器"。在未来的电力系统中，煤电和新能源之间应该形成合力，保证我国电力系统安全、平稳运行，满足消费者对能源可靠性、灵活性、安全性、经济性的需求。鉴于此，煤电发展的重心要转向挖掘现有机组的灵活调节能力，严控规模扩张的同时积极服务于新能源发展，继续深度挖掘煤电存量机组超低排放和节能改造潜力，充分挖掘现有机组潜力，与抽水蓄能、气电、电化学储能、需求响应等共同保障新能源消纳和电力安全。

4.2.1.4 着力技术结构升级，实现绿色低碳转型

为了实现控制全球气温上升不超过 1.5℃的目标，全球需要在 2050 年之前将二氧化碳的排放量降低 80% 以上。碳捕集、利用与封存（CCUS）技术是实现这一目标所必需的技术手段，预计到 2050 年，CCUS 技术可抵消全

球当前碳排放量的 10% ～ 20%。CCUS 技术在煤基能源产业的低碳绿色发展中扮演着重要的角色。一方面，该技术提供了重要的技术保障，使煤基能源产业避免"碳锁定"制约，从而在一定程度上避免了因减排而导致的化石能源资产贬值。另一方面，CCUS 技术与传统的煤电、煤化工等煤基能源产业具有巨大的耦合潜力和应用空间。

煤基能源是目前 CCUS 技术最主要的应用领域。煤炭开采的大规模集中排放源分布广泛，类型多样，因此适合进行碳捕集。中国重点建设的大型煤炭能源基地多位于西北部，而煤炭开采利用也向西部集中。这种趋势有利于CCUS 区域管网布局建设，以便发挥规模效应和集聚效应。在中国，燃煤电厂在技术可行性、成本经济性和区位适宜性等方面都具备进行 CCUS 技术改造的潜力，从而实现碳捕集、利用与封存。煤基能源的完备产业链也为二氧化碳利用技术提供了多种选择。火电行业是当前中国 CCUS 示范的重点，预计到 2025 年，煤电 CCUS 减排量将达到 600 万吨 / 年，2040 年达到峰值，为 2 亿～ 5 亿吨 / 年，随后保持不变。此外，CCUS 技术还有利于中国煤基能源体系实现集中化、规模化的发展，进而保障煤炭资源的低碳、高效地合理开发利用。但是，CCUS 技术尚未完全成熟，当前仍缺乏大规模应用的经济可能性。我国 CCUS 全流程各类技术路线整体仍处于研发和实验阶段，并且项目规模及范围较小。未来需要将 CCUS 纳入国家重大低碳技术范畴，设立 CCUS 技术专项扶持资金，形成政产学研各界对发展 CCUS 技术的统一愿景。主动探索 CCUS 项目在煤基能源产业发展商业模式应用，通过有力、持续的政策支持推动 CCUS 规模化部署，探索煤基能源产业低碳发展道路。

4.2.2 主要耗煤行业中长期发展路径分析

4.2.2.1 钢铁行业减排与发展路径

1996 年起，中国钢铁行业产能产量跃升为世界第一，并继续保持增长，至 2020 年，中国钢铁行业年产量已达到 10.6 亿吨。产量的绝大部分用于国内消费，因此出口占比较低。具体来说，钢铁的国内消费中有 58% 用于建筑领域，另外约 35% 用于工业制造业。从钢铁的生产制造流程来看，钢铁生产过程中的主要投入是煤炭，目前中国钢铁行业煤炭消费占全国煤炭消费总量的 20% 左右，是仅次于电力行业外最大的煤耗行业。虽然在过去的十年里，中国吨钢综合能耗标准煤从 640 千克降至 540 千克，吨钢二氧化硫排放和颗粒物排放分别从 2.89 千克和 2.2 千克降低至 0.5 千克以下，但是钢铁产量却从 6 亿吨涨至 10 亿吨左右。除此之外，中国钢铁行业的碳排放强度较高，在贡献了 5% 全国 GDP 的同时产生了 15% 的全国碳排放量，这主要是由于粗钢（产能占比 90%）的生产工艺仍旧采取长流程为主，而排放量相对较低的电弧炉冶炼法产量仅占 10% 左右。因此，钢铁生产工艺仍然具有高排放特点。

未来在"双碳"目标指引下，中国以房地产和基础设施建设为主的传统经济增长动能会逐步退出，取而代之的是新基建、信息产业及服务业等。钢铁需求的走势既有支撑向上的动力，也有推动下行的因素。中国钢铁工业协会发布的《钢铁行业碳达峰实施方案》指出：我国钢铁行业到 2025 年前实现"碳达峰"，到 2030 年，碳排放量较峰值降低 30%，实现碳减排量 4.2 亿吨；2060 年前我国钢铁行业实现深度脱碳目标。如图 4-5 所示，多方作用下，在

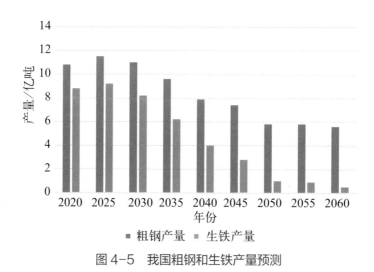

图 4-5　我国粗钢和生铁产量预测

2030 年前钢材需求会呈现先增后减的态势，"十四五"时期粗钢产量达峰，峰值水平为 12 亿吨，2025 年为 11.6 亿吨，2030 年逐步降至 11 亿吨水平。此后，随着房地产建设持续下行，汽车销售规模也逐步减少，中国粗钢产量有望稳步下降，2035、2050 年分别降至 9.3 亿吨和 5.7 亿吨，此后保持平稳，到 2060 年仍有 5.5 亿吨。

针对中国钢铁行业的低碳化发展，要坚持引导和倒逼两者相结合，一方面积极引导企业主动创新技术，提高管理水平，从而提质增效减排；另一方面要通过设置种种约束倒逼企业进行生产升级。故提出以下几点发展路径。第一，优化产业结构，淘汰落后产能，升级和优化产能。落后产能普遍能耗高，排放大，多为一些小型高炉 - 转炉，因此建议在合适时机，全面评估产能升级带来的经济和环境效益，并依据评估结果判断对其是否进行能升级或淘汰。对于一些相对优质的产能，则需要进行进一步优化升级。第二，推动钢铁行业节能和清洁技术改造，实现钢铁制造超低排放目标。在不断完善已有节能环保技术与装备的同时，还应该摸索炼钢新技术，提高能效，尝试从根本上解决钢铁行业的碳排放问题。钢铁行业应该围绕烟气治理、固体废弃物综合利用、节能降耗等重点领域自主开发新技术、新工艺、新装备，大力推进低碳冶金新技术的研发，拓展节能减排新途径。第三，布局科技捕碳用碳。超前部署 CCUS 技术的前沿性研发，拓展二氧化碳资源化利用途径。通过 "CCUS + 炼钢" 重点示范项目建设，实施源头 CO_2 减排控制，提高能效，节能减排，探索煤炭清洁高效转化的新路径，减轻钢铁行业发展所面临的 CO_2 减排压力。

4.2.2.2　煤化工行业减排与发展路径

煤化工是以煤为原料，经化学加工使煤转化为气体、液体和固体燃料以及下游衍生化学品的过程。在中国，相比较于电力行业和钢铁行业，化工领域的煤炭消费较低，仅占 8% 左右。煤化工产业分为传统煤化工和现代煤化工两个领域。中国的传统煤化工产业规模巨大、技术水平优良，生产出的化工产品主要用于有效支撑经济社会的长远发展。现代煤化工产业通过工业途径生产出具有成本优势的石油与天然气产业替代品，从而来有效地缓解中国能源供应与能源安全的压力。可以看出，二者虽然战略地位不同，但都有其各自的使命和存在价值。当前，传统煤化工主要面临着产能过剩的问题，而现代煤化工则面临着成本优势不足的困境。同时，二者都面临一个相同的关键问题，即碳排放问题。可以预见的是，无论是从排放还是生产角度来说，对于传统煤化工而言，化解其产能过剩的问题将是其长期的主要使命，通过产能逐步退出或转移至国外，实现解决；对于现代煤化工来说，则应当走高附加值和低碳清洁路线，在逐步降低工艺流程中碳强度的同时尽可能降低成本。

因此，未来传统煤化工由于受产能过剩影响，产量在保持现有规模持续较长时间，随后会缓慢下降，而新型煤化工则随着产业链不断向下游延伸而实现产业扩张。预计煤为原料的化工产业在 2040 年前仍大有可为。如图 4-6 所示，预计 2030 年左右煤化工产业发展进入峰值区，峰值水平的煤炭利用量约为 4.6 亿吨，2040 年仍会消耗 3.7 亿吨。此后，随着中国逐步进入碳中和的攻坚期，煤的使用会更加谨慎，在当前技术水平的限制下，煤化工远

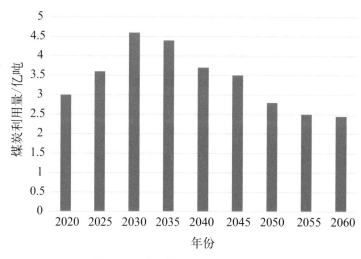

图 4-6　我国煤化工用煤需求预测

期也不会出现大发展。且随着化工品需求的下降及石油化工的竞争关系，到2050年和2060年化工用煤也将逐步下降，降至2.8亿吨和2.5亿吨左右。

对于中国煤化工产业来说，碳排放约束下必须进一步突破技术瓶颈，大力发展低碳清洁技术，确保其发挥相应的战略作用。针对中国未来煤化工产业发展，提出三点发展路径。第一，优化产业结构，严控传统煤化工生产能力，稳妥有序发展现代煤化工。进一步优化煤化工行业产业结构，化解传统煤化工产能过剩问题。现代煤化工产业是促进煤炭产业低碳转型升级的战略性新兴产业。在考虑资源环境等要素承载力的前提下，确定煤制油产业发展更积极的规模目标。对于煤制气，可结合市场需求，走"储备+局部市场化"的路线，发挥其对天然气管网的季节调峰作用。第二，加快CCUS技术示范应用，推进传统和现代煤化工产业碳减排进程。煤炭转化利用方式由燃料向燃料与原料并举发展的趋势，高浓度CO_2占比增大，有利于降低CO_2捕集成本。以煤气化为龙头的现代煤化工行业，尾气中CO_2的浓度较高，对于实施碳捕集而言具有明显的成本优势，可以成为中国发展CCUS技术的早期优先领域，低成本的碳源对于推动CO_2利用技术的产业化以及促进CCUS技术的发展成熟都具有积极作用。第三，优化产品结构，耦合协同低碳，走高附加值、清洁低碳路线。煤化工要走高附加值的产品路径，应尽量做化工产品而不是做燃料。推动煤化工产业高端化、多元化、低碳化。同时耦合可再生能源制氢，耦合绿电、绿氧等，以示范化项目作为突破口逐步发展。

4.2.2.3　建材行业减排与发展路径

中国是世界上最大的建筑材料生产国和消费国，建材行业也是煤基能源消费结构中的重要组成部分。2019年，全国建筑材料工业增加值较上一年同比增长8.5%。其中，水泥全年产量23.3亿吨，位居全球首位，同比增长6.1%（数据来源于《中国建筑材料工业年鉴》）。建筑材料工业是典型的能源资源承载型产业，能源消费量占全国能源消费的7%左右，其中煤和煤制品、电力消耗约占建筑材料全行业能源消耗的86%（数据来源于中国建筑材料联合会）。同时，建材行业也是中国能源消耗和碳排放最大的工业部门之一，根据《中国建筑材料工业碳排放报告》，中国建筑材料工业 2020 年二氧化碳排放 14.8 亿吨，水泥行业碳排放占建材行业碳排放的 83%（12.3 亿吨），具体行业碳排放占比如图 4-7 所示。

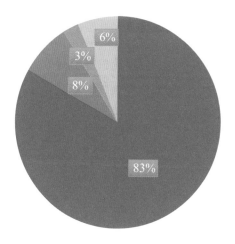

■ 水泥工业　　■ 石灰石膏工业　　■ 建筑卫生陶瓷工业　　■ 其他行业

图 4-7　2020 年建材各行业二氧化碳排放占比

　　未来建材行业是工业部门二氧化碳减排的主要贡献者。据清华大学预测，全球气温 2℃目标情景下建材行业 2050 年形成的减排量为 3.1 亿吨，贡献度为 17%。根据中国建筑材料联合会发布的数据，建材行业提出要在 2025 年前全面实现碳达峰，水泥等行业在 2023 年前率先实现碳达峰。基于终端需求导向型高耗能产品产量预测方法，技术进步将促进水泥等行业产品能耗下降 10% ～ 20%。综上所述，未来建材行业实现碳减排潜力大。以水泥行业为例，从全流程的碳排放看，生产过程中不可控的碳排放占总量的 60% 以上，剩下不到 40% 为燃煤消耗。鉴于此，建材行业的碳达峰、碳中和之路，核心在于控制总量，防止产能过剩。未来建材行业发展路径概括为："十四五"期间，建材行业逐步解决产能过剩问题。传统建材产业产能严重过剩，特别是水泥行业。目前，建材行业淘汰落后产能手段有限，供需之间矛盾仍然突出，致使多数企业经济效益不稳，这些问题需要在"十四五"期间逐步解决。"十五五"期间，中国逐渐走向建材强国。根据《中国建造2035战略研究》，建材行业将以智能建造为技术支撑，以建筑工业化为产业路径，以绿色建造为发展目标，促进工程建造的可持续高质量发展，为中国现代化建设和"一带一路"倡议提供强有力的支撑。2050年，基本实现绿色建材和智能化发展。碳中和目标对建材行业既是挑战也是巨大的发展机遇，未来3D打印建筑、绿色建筑和建筑云服务等将得到全面发展。

　　未来建材行业转型升级路径主要包括以下几个方面。第一，产业结构调整，控制产能过剩。目前建材行业产能严重过剩，特别是水泥行业。通过淘汰落后产能、优化市场布局、提高产业集中度等手段，推动产能布局不断优化、合理引导落后产能退出和产能减量置换，未来继续推广错峰生产，并加大差异化错峰。第二，全面推广绿色建材。建材行业应积极主动配合其他政府部门，加快推进绿色低碳建材产品认证和应用评估，建立绿色低碳建材产品推广平台，全面推广绿色低碳建材产品。第三，推动能源替代，并增强能源"自给"能力。通过能源间的相互替代，不断优化建材行业能源消费结构。同时，积极引导全行业积极研发绿色能源、清洁能源、可再生能源生产建筑材料产品的工艺技术及装备，减少对化石能源及外部电力依赖。第四，加强国际合作，通过进口弥补错峰生产的供给缺口。在错峰停产、协同停产政策蔓延下，华东、华南的供给缺口可以通过跨区域调配量来弥补。以水泥行业为例，在国内错峰停产、协同停产同时，加大熟料跨区域调配比例，弥补供给缺口。第五，推动CCUS技术在建材行业的应用。CCUS技术在建材行业应用领域广阔，是建材行业实现碳中和目标的重要途径之一。通过将二氧化碳从建材排放源中分离后直接加以利用或封存，以实现二氧化碳减排。

4.2.2.4　散煤减排与发展路径

　　散煤通常是指工业（发电、冶金、化工、医药、建材、供热等）集中燃煤以外的，主要用于炊事、取暖等非工业用途的煤炭。除电煤和工业过程煤外，散煤是中国煤炭消费的又一来源，约占全部煤炭消费量的15%。随着国民经济的快速发展，能源消费不断上升，因散煤燃烧造成的环境污染问题日益加剧。研究表明，散煤燃烧所排放的大气污染物比同等排放量的工业源对空气质量和人体健康的危害更为直接和明显。因此，国家积极对散煤进行削减处理。在 2017 ~ 2019 年散煤削减总量构成中，工业小窑炉散煤削减量达到 51%，民用散煤和工业小锅炉散煤削减量分别达到 34% 和 15%（图 4-8）。

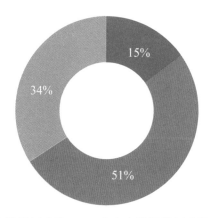

■ 工业小锅炉散煤削减量　■ 工业小窑炉散煤削减量　■ 民用散煤削减量

图 4-8　2017 ~ 2019 年散煤削减总量构成

　　未来，居民用能将逐渐转向清洁、便捷的电力和天然气。通过末端污染治理的规模效应，可以提高煤炭清洁利用水平。"十三五"期间，区域供热需求的增加带动了各类技术装机需求的发展。2020 年后，区域供热需求增长速度逐渐减缓，热源容量保持稳定。到 2035 年，在 2℃目标情景下，区域供热中煤炭供热锅炉的供热量占比将从 2019 年的 88% 减少到 50%，而清洁能源供热占比将上升至 44%。散煤行业未来发展路径可以归纳为：中国在"十四五"期间应基本解决散煤问题。为进一步改善空气质量，推进能源转型和美丽中国建设，确保 2030 空气质量目标的实现，具体要求为：在全国范围内淘汰 35 蒸吨 / 时及以下的燃煤工业小锅炉，继续推进北方清洁取暖，到 2025 年实现北方平原地区基本完成生活和冬季取暖散煤替代。根据《中国散煤综合治理研究报告 2020》，在巩固"十三五"成果的基础上，继续削减散煤 1.5 亿吨，力争 2 亿吨。"十五五"期间，民用散煤污染得到全面控制。

要实现生态环境部提出的力争到 2030 年全国所有城市达到空气质量二级标准的目标，必须同时大幅调整产业结构和能源结构。中国煤炭占一次能源消费比例削减至 35% 以下，天然气比例显著上升，推行"煤改电""煤改气"政策，替代大量的煤炭散烧和燃煤工业锅炉，并通过小容量锅炉治理、集中供热等手段治理工业锅炉污染问题。煤炭重点为高耗煤行业以及发电供热行业使用，到 2050 年散煤基本清零。在 1.5℃目标情景下，2050 年煤炭消费总量为 5.0 亿吨，而且主要集中在工业终端消费部门和火电部门。居民基本实现清洁化取暖，在一系列政策治理下，散煤强制完全退出。

未来散煤治理仍需要从以下方面破除可持续性发展障碍。第一，推动清洁取暖需要充分调研，做好政策层面的设计。目前，针对散煤治理，主要的措施是使用气代煤和电代煤。例如，在制定电代煤计划，需要考虑到大规模更换电取暖设备对电网带来的压力，及时对电网进行改造升级，协调各个部门共同推进。第二，推动重点区域企业绿色转型升级，实施煤炭消费总量控制。实施煤炭消费总量控制，改变能源就地平衡模式，新增能源主要依靠新能源和清洁能源，制定并实施"升级版"北方地区清洁取暖规划。第三，大力发展太阳能供热、生物质供热和地热供热，继续推动北方地区冬季清洁取暖。在推进清洁取暖的同时，应用热电协同技术可以有效解决电力负荷不足时的弃风、弃光问题，更加有效地解决分散热力用户的清洁供暖问题。

4.2.3 煤电行业中长期转型发展路径分析

在煤炭长期作为主体能源的背景下，中国的燃煤发电作为煤炭利用的主要方式，每年消耗约一半的煤炭，形成以燃煤发电为主导的电力生产格局。据《中国电力行业年度发展报告 2021》显示，截至 2020 年底，中国煤电装机 10.8 亿千瓦，占中国发电装机总量的 49.1%。其中达到超低排放限值的煤电机组约 9.5 亿千瓦，约占煤电总装机容量 88%。煤电发电量约 4.6 万亿千瓦·时，占总发电量的 60.7%。

4.2.3.1 "双碳"目标下煤电发展路径决定因素

中国从现在到 2060 年实现碳中和目标的煤电行业中长期的路径选择主要取决于四点。第一，中国的电力需求在未来的增幅。据 IEA 预测，中国在 2020 ~ 2060 年期间的电力增长将达到 130%。目前，随着中国居民用电量不断提升、经济增长以及电气化水平进一步提高，预计在"十四五"期间的电力需求增速仍将走高。第二，中国现有先进煤电技术的沉没成本。我国拥有全世界最先进的煤电机组，机组整体服役时间较短，平均服役年限仅为 12 年。可以发现，我国煤电总体呈现"存量大、机组新、效率高"的特征。存量和未来可能新增的先进煤电机组如何实现优化利用及科学规划布局，是关系煤电中长期角色及发展路径的关键因素。第三，中国可再生电力装机部署的增速。根据 IEA 预测，为了实现"双碳"目标，2060 年中国的非化石能源发电量应为目前的 7 倍；非化石能源发电占比将从 2020 年的 25% 上升至 2060 年的 80%。换言之，目前中国非化石能源发电的体量相较于煤电来说仍然较小，短期内中国仍需煤电支撑社会稳定和经济发展。第四，清洁低碳技术的突破和发展。从中长期的角度来看，中国煤电的发展路径和技术进步密切相关。低碳技术，尤其是 CCUS 技术在未来的成熟度、减排成本以及碳利用场景将极大程度上决定中国煤电未来的发电量和装机数。

通过对 2025 年各区域电网最大用电负荷、用电量和、非化石能源电力增长趋势进行预测，估算到 2025 年我国煤电合理规模应在 11.5 亿 ~ 12.5 亿千瓦范围内；在温控目标基准情景碳排放预算约束下，我国煤电碳排放量要在 2025 年达到峰值 45 亿吨，对应的煤电装机规模约为 11 亿千瓦。如图 4-9 所示，在"双碳"目标承诺情景下，中国的碳达峰时间为 2025 年，但在加速转型情景下中国在"十五五"期间的煤电占比将会由 2020 年的 63% 迅速降至 2030 年的 38%。因此，在碳中和目标约束和电力需求增长情景下，我国煤电应在 2025 年达到 12 亿千瓦的规模峰值。由此，可以勾勒出未来煤电在新型电力系统建设中的短期目标与中长期发展路径。

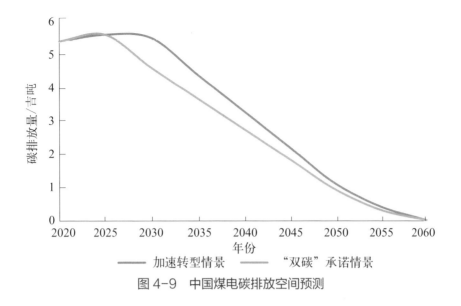

图 4-9 中国煤电碳排放空间预测

4.2.3.2 2020～2060年煤电发展具体路径

短期来看，中国"十四五"煤电发展要实现以下目标：一是2025年煤电装机规模控制在12.5亿千瓦以内，根据图4-10，中国煤电在"十四五"期间的主要任务是实现煤电装机容量和发电量均在2025年达峰，2025～2030年期间煤电规模不再增长，之后煤电机组逐渐退出；二是2025年前全部机

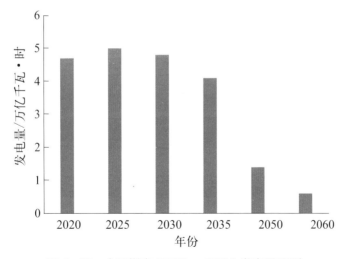

图 4-10 中国煤电2020～2060发电量预测

组实现超低排放和节能改造，不达标机组完全退出；三是计划机组采取"上大压小"等量/减量替代、分批有序建设的方式，实现规模管控和机组更替，过剩风险严重地区要取消部分计划项目；四是西部地区承接大多数的煤电增量项目落地，2025年后东部地区不再建设任何煤电机组，2030年后中部地区不再建设煤电机组；五是2025年煤电机组平均供电煤耗降至300克标准煤/（千瓦·时），此后保持在此水平；六是2025年火电度电碳排放量降至820克/（千瓦·时），电力行业平均碳强度降至450克/（千瓦·时）左右，电力碳排放达峰；七是进一步完善现货电能量市场和辅助服务市场机制，探索容量市场，推动煤电功能定位转型。

从中长期来看，2030～2060年煤电中长期发展方向：一是中国煤电装机规模、发电量和碳排放均在2025年达峰，在经历了2025～2030年的短暂平台后，2030～2060年间退出进程将显著加快；二是2025～2030年间在空气质量、水文环境和碳储存环境适宜的地方规划煤电选址，遵循等量/减量替代"上大压小"原则优化煤电机组结构；三是2030年后煤电装机开始有序退出，同时电化学储能设备在新能源侧加快发展；四是2035年煤电规模较2025年峰值减半，开始为大容量火电机组部署CCUS装置，并且电化学储能大规模商业化应用；五是2050年煤电规模降至3亿千瓦左右，约半数机组安装CCUS装置；六是2060年前，未加CCUS改造的煤电完全退出，煤电掺烧生物质耦合CCUS使得电力行业有望实现大规模负排放。从五年规划视角来看，具体的煤电发展路径如图4-11所示。

2020～2025年"十四五"期间为煤电装机量达峰期。此阶段中国电力需求仍在快速增长，煤电装机由2020年的10.8亿千瓦增长至12.5亿千瓦，

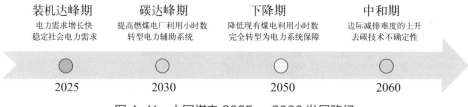

图4-11　中国煤电2025～2060发展路径

发电量为 4.85 万亿千瓦·时。由于非化石能源发电体量较小，此时煤电的主要作用是保障社会电力需求增长下的中国能源安全，为可再生电力发展托底。本阶段关键指标为煤电装机量达峰。换言之，中国在 2025 年后将不再规划新建煤电装机，在 2025 年建成的煤电机组需要满足全社会在 2030 年后的电力需求。

2025～2030 年"十五五"期间为煤电行业的碳达峰期。此阶段电力需求增速降低，可再生电力占比快速上升，煤电装机总量下降。2030 年煤电装机总量将为 12.3 亿千瓦，发电量为 4.91 万亿千瓦·时。下降期内不再规划建造新的燃煤电厂，并逐步退出难脱碳、不能搭载低碳技术的落后燃煤电厂，通过提升现有燃煤电厂利用小时数保证"十五五"期间的社会用电需求。此时煤电的功能作用由主要电力来源逐渐转型为调峰、调频的电力辅助系统。部分燃煤电厂搭载 CCUS 等去碳技术降低排放。

2030～2050 年期间是快速下降期。2035 年、2040 年、2050 年的煤电装机分别将为 11.7 亿千瓦、11 亿千瓦、8 亿千瓦，发电量分别为 4.81 万亿千瓦·时、4.51 万亿千瓦·时、2.94 万亿千瓦·时。此阶段大部分现存的燃煤机组将搭载如 CCUS 等低碳技术。在维持燃煤电厂正常运营的情况下降低利用小时数。煤电的功能作用完全转型为电力系统保障。

2050～2060 年期间为中和期。煤电系统将在 2055～2060 年逐步实现零碳排放。2060 年的煤电装机为 4.5 亿千瓦，发电量为 0.34 万亿千瓦·时。这极大程度上取决于低碳技术发展的速度，尤其是 CCUS 技术。目前，空气直接捕集技术（DAC）和生物质碳捕集（BECCUS）技术的成本过高，将无法经济地帮助煤电减排。此外，二氧化碳利用技术场景的多寡也将影响未来低碳技术的应用。总而言之，技术不确定性将极大程度上决定未来的煤电退出速度。

4.2.3.3 各时期煤电优化转型策略

相较于其他煤基能源产业，煤电在新型电力系统中的功能定位转变所面临的阻力可以说是最大的。因此，在勾勒出煤电行业未来的发展路径后，有必要进一步关注煤电优化转型中的具体困难。

目前，电力行业减排的主要压力来自当前可再生能源较慢的布局速度，而从长远来看，煤电减排面临的压力则主要存在于成本和社会层面。具体来说，煤电实现短期内大幅降低的唯一措施是停工停产甚至退役煤电机组，但中国目前的超临界、超超临界燃煤机组均处于世界领先地位，煤电机组的平均服役年限低，直接退役机组将造成高额的沉没成本与财务负担；同时，煤电产业链提供了大量就业机会，从产业及就业转移来看，煤电退出过程中资源型城市的产业转型及众多就业人口的安置问题也将逐步凸显；而从更深层次考虑，煤电本身具有的高灵活性水平、高发电效率等特点在短期内难以被新能源电力系统所超越，煤电在保障能源安全与持续有效供应方面的优势仍将持续。因此，煤电的减排速度主要依赖于可再生能源发电增长形成的电源替代效应，同时，通过压减煤电实现减排的过程必须兼顾电力系统供应、煤电机组成本回收以及社会稳定等多个方面。

总体来讲，煤电转型的核心在于逐步淘汰落后的煤电产能、有序减少先进燃煤电厂的煤电发电小时数、逐步采用负排放技术以及严格控制未来规划的煤电项目。就煤电厂而言，中国有能力在短期内停止新建燃煤电厂、淘汰已落后的煤电产能，并通过降低利用小时数等方式，保障大部分煤电厂在运行 20 年或 30 年后平稳退出。为了减少发电小时数，可以采用拆除煤电厂或限制其利用时长的方式。与拆除相比，限制利用时长不仅可以避免沉没成本，还能在电力系统减少煤电依赖后，保障系统稳定和应对极端气候。因此，降低煤电的发电小时数应当以如下方式实现：

① 由于新建的煤电项目都与中国长期的深度减排路径相违背，并且大大提高资产搁浅风险与未来减煤难度，因此应当严格控制新建电厂规模；

② 对于目前正在运行的煤电厂，根据具体的运行年龄，陆续实现自然退役，既不通过技术和工程手段延长煤电厂的寿命，也不提前关停煤电厂；

③ 以目前 4400 小时左右的煤电利用小时数作为基础，设置限制目标，

稳妥推进发电小时数的减少，并利用清洁能源发电补齐因此产生的电力供应缺口。

在制定限制煤电行业发电小时数的具体目标时，应充分考虑清洁能源电力装机的增长情况，并避免设置过高的减少发电小时数的目标，以免导致电力供应不足。换言之，煤电发电小时数的减少必须在有清洁能源电力弥补的前提下实现，而清洁能源电力的弥补能力应由技术进步水平决定。因此，应统筹考虑所有煤电厂的装机水平和剩余运行年龄，计算出各年份自然退役的煤电厂数量及对应装机，然后根据技术进步和建设周期的情况制定对应的清洁能源电力装机增长目标。

4.3 煤基能源产业低碳化转型升级的潜力与可行性

4.3.1 CCUS 技术现状、进展及展望

4.3.1.1 CCUS 技术发展现状

碳捕集、利用与封存（CCUS）技术是指将 CO_2 从工业排放源中分离后直接加以利用或封存，以实现 CO_2 减排的工业过程。作为能够有效实现减少钢铁、水泥等主要工业领域和新建燃煤发电厂碳排放的清洁技术，CCUS技术是未来中国履行碳中和承诺、保障能源安全、构建生态文明和实现可持续发展的重要手段。目前，CCUS 技术已经达到部分技术商业化并且是较为成熟的减排手段，未来随着负排放技术生物质能 CCUS 和大气直接捕集技术的进一步成熟，CCUS 将成为全球减排的重要组成部分。

目前，CCUS 技术路线主要包括 CO_2 捕集技术、CO_2 利用技术以及地质封存技术。在 CCUS 捕集、输送、利用与封存环节中，捕集是能耗和成本最高的环节。根据能源系统与 CO_2 分离过程集成方式的不同，CO_2 捕集技术可分为燃烧后捕集、燃烧前捕集和富氧燃烧捕集。第一代燃烧后捕集技术是目

前运用最成熟的捕集技术手段，第二代 CO_2 捕集技术正在研发过程中。相较于第一代捕集技术，新型膜分离、增压富氧燃烧以及化学链燃烧等第二代捕集技术成熟后能够以更低成本实现煤电和煤化工等传统产业的有效减排，大幅改善 CCUS 技术的经济性。CO_2 利用技术以额外收益促进 CO_2 的资源化利用，能够提升整体产业链的商业性。主要的 CO_2 利用技术包括地质利用、化工利用和生物利用技术。地质利用技术方面，CO_2 强化石油开采技术（CO_2-EOR）已应用于多个驱油与封存示范项目；化工利用方面，重整制备合成气、合成可降解聚合物等技术已经完成了示范；生物利用方面，CO_2 转化为食品和饲料的技术已在逐步实现商业化。CO_2 地质封存技术以工程技术手段储存 CO_2，保障与大气长期隔绝的可靠性。目前 CO_2 地质封存主要划分为陆上咸水层封存、海底咸水层封存、枯竭油气田封存等方式。总体而言，现阶段 CCUS 技术成本偏高，整个 CCUS 产业仍处于商业化的早期阶段，CCUS 产业的发展面临项目成本高、技术投入资金不足、商业模式发展不成熟等多方面的制约。按照时间顺序，综合考虑技术、参与者、合作范围、法规建设等因素，CCUS 技术发展大致可以划分为三个阶段：技术孕育阶段、诞生与发展阶段和研发示范阶段。图 4-12 绘制了 CCUS 技术发展具体历程及重要事件。

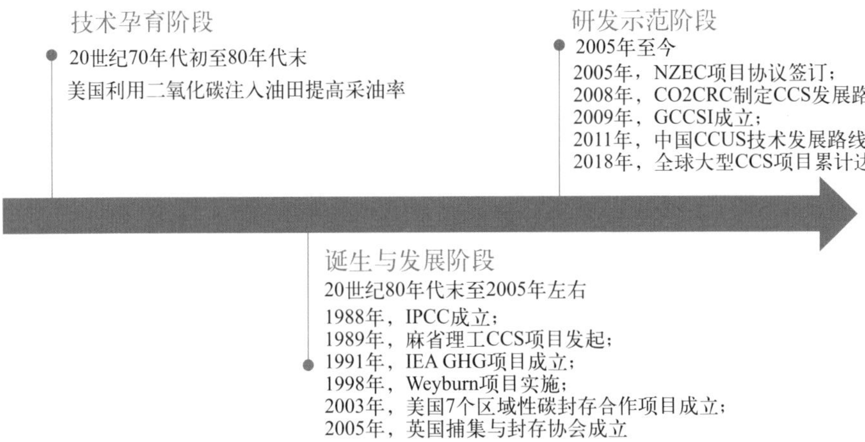

技术孕育阶段
20世纪70年代初至80年代末
美国利用二氧化碳注入油田提高采油率

研发示范阶段
2005年至今
2005年，NZEC项目协议签订；
2008年，CO2CRC制定CCS发展路线图；
2009年，GCCSI成立；
2011年，中国CCUS技术发展路线图发布；
2018年，全球大型CCS项目累计达43个

诞生与发展阶段
20世纪80年代末至2005年左右
1988年，IPCC成立；
1989年，麻省理工CCS项目发起；
1991年，IEA GHG项目成立；
1998年，Weyburn项目实施；
2003年，美国7个区域性碳封存合作项目成立；
2005年，英国捕集与封存协会成立

图 4-12　CCUS 技术发展历程

　　从 CCUS 技术层面来看，CCUS 各技术环节均取得了显著进展，部分技术已经具备商业化应用潜力。CO_2 捕集技术成熟程度差异较大，目前燃烧前物理吸收法已经处于商业应用阶段，燃烧后化学吸附法尚处于中试阶段，其他大部分捕集技术处于工业示范阶段。在现有 CO_2 输送技术中，罐车运输和船舶运输技术已达到商业应用阶段，主要应用于规模 10 万吨 / 年以下的 CO_2 输送。在 CO_2 地质利用及封存技术中，CO_2 地浸采铀技术已经达到商业应用阶段，CO_2-EOR 已处于工业示范阶段，CO_2-EWR（二氧化碳强化咸水开采）已完成先导性试验研究，CO_2-ECBM（二氧化碳驱替煤层气）已完成中试阶段研究，矿化利用已经处于工业试验阶段，CO_2 强化天然气、强化页岩气开采技术尚处于基础研究阶段。

4.3.1.2　CCUS 技术发展潜力

　　近年来，美国、欧盟、日本等国家和地区纷纷投入大量资金用于 CCUS 技术的研发和示范活动，以期在未来 CCUS 技术的竞争中占得先机。其还制定了相应的法规和政策，积极推动 CCUS 技术的发展和应用。美国在 CCUS 领域处于全球领先地位，并具有推动 CCUS 广泛部署的强大能力，通过启动、扩张和规模化应用三个阶段实现 CCUS 在美国的大规模部署。欧洲主要的商业 CCUS 设施集中于北海周围，而在欧洲大陆的 CCUS 项目由于制度成本以及公众接受度等各种因素，进展较为缓慢。日本受地质条件约束，没有可用于 EOR 的油气产区，因此日本 CCUS 项目多为海外投资。中国已具备大规模捕集利用与封存 CO_2 的工程能力，正在积极筹备全流程 CCUS 产业集群。同时，中国拥有巨大的潜在 CCUS 应用市场，全国约 130 亿吨原油地质储量适合使用 EOR，可提高原油采收率 15%，预计可增加采储量 19.2 亿吨，同时封存 $CO_2$47 亿～55 亿吨。目前中国已投运或建设中的 CCUS 示范项目约为 40 个，捕集能力 300 万吨 / 年，多以石油、煤化工、电力行业小规模的捕集驱油示范为主，尚且缺乏大规模的多种技术组合的全流程工业化示范。世界主要国家及地区 CCUS 地质封存潜力与 CO_2 排放的详细数据见表 4-1。

表 4-1　世界主要国家及地区 CCUS 地质封存潜力与 CO_2 排放情况

国家/地区	理论封存容量/百亿吨	2019年排放量/（亿吨/年）	至2060年 CO_2 累积排放量估值/百亿吨
中国	121～413	98	40
亚洲（除中国）	49～55	74	30
北美	230～2153	60	25
欧洲	50	41	17
澳大利亚	22～41	4	1.6

注: 2019 年排放量数据来自 BP, 2021; 至 2060 年 CO_2 累积排放量估值是按照 2019 年至 2060 年排放量不变计算。

　　未来中国 CCUS 技术的发展，挑战和机遇并存，问题与支撑并进。成本与投资高昂、商业化模式不明晰、项目示范经验缺乏、政策法规体系和金融机制不完善是未来 CCUS 技术发展面临的主要挑战。然而在全球应对气候变化而共同参与的碳减排进程中，CCUS 技术将迎来广阔的发展前景。如表 4-2 所示，目前国际各大机构对于 CCUS 技术在全球碳减排中的定位都趋于乐观，认为 CCUS 是目前减排困难的工业部门和化石能源使用难以替代行业的最为重要的除碳技术。

表 4-2　不同机构关于 CCUS 技术减排贡献度的评估

机构	减排贡献估计	定位	情景
IEA	2070 年总减排的 15%	去碳/生产低碳氢/煤基行业深度减排	净零排放/SDS（可持续发展）
IEA	2℃目标下 14%，1.5℃目标下 32%	去碳/生产低碳氢/煤基行业深度减排	2℃/1.5℃
IPCC	无 CCUS 减排成本增加幅度将高达 138%	去碳/生产低碳氢/煤基行业深度减排	2℃/1.5℃

机构	减排贡献估计	定位	情景
NPC	2050 年总减排的 9%	去碳 / 煤基行业深度减排 / 煤化工	2℃
NETL& Mckinsey	2030 年完成 50 亿吨二氧化碳捕集	去碳 / 煤基行业捕集 / 碳利用	1.5℃

注: NPC 为美国国家石油委员会; NETL & Mckinsey 为美国能源技术实验室和麦肯锡咨询。

CCUS 技术成本是影响其大规模普及应用的重要因素，随着技术的发展，未来 CCUS 技术成本有较大下降空间。新型膜分离、增压富氧燃烧以及化学链燃烧等新一代捕集技术将会在材料的创新、工艺或设备的改进上取得突破，这些新进展将使得投资运营成本降低的同时提高捕集效率。同时，与所有工业技术一样，CCUS 的单位成本也在很大程度上受到规模经济的影响。CCUS 产业发展的规模化效益将日益显现，这将大大改善 CCUS 技术的经济性。

综合来看，在支撑经济发展、应对气候变化与保障能源安全的多重目标下，CCUS 技术将成为基于特定国情禀赋实现中国大规模深度减排的必然选择，将是中国实现碳中和目标技术组合的关键构成部分。

4.3.2　CCUS 技术与煤基能源产业可持续发展的关系

CCUS 技术是一项新兴的碳减排技术，既具有大规模减排 CO_2 的潜力，多样化的 CO_2 资源化利用技术还可以产生可观的经济效益与社会效益。从长远看，在我国全面推进生态文明建设、构建绿色化发展方式的形势下，煤基能源产业开展 CO_2 减排是推动实现碳中和的重要途径，CCUS 技术是煤基能源产业向低碳绿色转型的重要技术选择，煤基能源产业转型与 CCUS 技术必将保持着相互依存、协调互补的发展关系。CCUS 技术与煤基能源产业的协同发展，将有效增强我国实现碳中和目标的经济性，同时在保障能源安全、促进绿色经济发展和提高生态环境综合治理能力等方面具备较好的协同效益。

CCUS 是目前实现化石能源低碳化利用的重要技术选择。中国能源系统规模庞大、需求多样，从兼顾实现碳中和目标和保障能源安全的角度考虑，未来应积极构建以高比例可再生能源为主导，核能、化石能源等多元互补的清洁低碳、安全高效的现代能源体系。

CCUS 是碳中和目标下保持电力系统灵活性的主要技术手段。碳中和目标要求电力系统提前实现净零排放，大幅提高非化石电力比例，在储能技术无法解决长周期电力存储的现实约束下，煤电 CCUS 是保障未来电力系统平稳转型与实现碳中和的必要技术手段。充分考虑电力系统实现快速减排并保证灵活性、可靠性等多重需求，火电加装 CCUS 是具有竞争力的重要技术手段，可实现近零碳排放，提供稳定清洁低碳电力，平衡可再生能源发电的波动性，并在避免季节性或长期性的电力短缺方面发挥惯性支撑和频率控制等重要作用。

CCUS 是钢铁水泥等难以减排行业低碳转型的可行技术选择。国际能源署（IEA）发布 2020 年钢铁行业技术路线图，预计到 2050 年，钢铁行业通过采取工艺改进、效率提升、能源和原料替代等常规减排方案后，仍将剩余 34% 的碳排放量，即使氢直接还原铁（DRI）技术取得重大突破，剩余碳排放量也超过 8%。水泥行业通过采取常规减排方案后，仍将剩余 48% 的碳排放量。CCUS 是钢铁、水泥等难以减排行业实现净零排放的可行技术选择。

CCUS 与新能源耦合的负排放技术是实现碳中和目标的重要技术保障。预计到 2060 年，中国仍有数亿吨非 CO_2 温室气体及部分电力、工业排放的 CO_2 难以实现减排，BECCUS 及其他负排放技术可中和该部分温室气体排放，推动温室气体净零排放，为实现碳中和目标提供重要支撑。

综上所述，借助 CCUS 技术实现煤基能源优化转型，是保障碳中和目标实现的必由之路。首先，CCUS 技术应用下，能源结构和电力结构仍然会向以清洁能源为主转变，但提高煤电在新型电力系统构建过程中的托底可能性，能够有效保障能源电力系统供应安全。其次，CCUS技术为煤基能源产业转型发展提供了缓冲空间，一定程度上避免了转型发展过程中的沉没成本。最后，CCUS技术与煤基能源产业耦合发展，有利于缓解碳约束下煤基能源产业转型引致的经济下行压力，避免煤基能源产业优化转型过程中的就业摩擦问题，大幅降低能源系统供需风险，有效提高居民社会福利，对于实现社会经济持续发展、能源供应安全、生态环境治理、应对气候变化等重大战略目标具有重大现实意义。

4.3.3 煤基能源结合 CCUS 实现产业转型升级的条件

（1）煤基能源产业结合 CCUS 具备技术条件要求 决定 CCUS 封存潜力的主要影响因素有碳源碳汇分布空间匹配情况，以及开展封存地质环境条件情况。根据《中国 CO_2 捕集利用与封存（CCUS）年度报告（2021）》研究预测，中国地质封存潜力为 1.21 万亿～ 4.13 万亿吨。从中国地质条件上看，中国不同地区的地质条件对于降低碳排放有不同的适用性。东部、北部沉积盆地地质条件较为适合进行碳封存，因为这些区域的碳源分布与盆地分布相对匹配。渤海湾盆地、鄂尔多斯盆地和松辽盆地等地区的碳封存潜力较高。相比之下，西北地区的碳源分布较少，但地质封存潜力较大，因此该地区的封存重点应该放在封存潜力较大的塔里木、准噶尔等盆地上。南方及沿海地区的碳源集中地区面积较小、分布较零散，地质条件相对较差，因此陆上封存潜力非常有限。在这种情况下，近海沉积盆地的离岸地质封存则成为一种重要的备选方案。

（2）煤基能源产业结合 CCUS 逐渐具备经济可行性 随着 CCUS 技术逐渐成熟，碳交易市场等机制的逐渐完善，CCUS 项目本身的经济性也逐渐得到体现，CO_2-EOR 和 CO_2-EWR 等项目已经开始具有盈利空间，未来CCUS 项目也有望通过加入碳交易进一步提升自身盈利能力。抓住低成本的

CCUS 早期机会，对于开展技术示范、加快技术学习曲线、提振政府和全社会对于 CCUS 技术的信心都具有重要意义。

CCUS 技术的经济成本主要由运行成本构成，是 CCUS 技术在实际操作的全流程过程中，各个环节所需要的成本投入。运行成本主要涉及捕集、运输、利用、封存这四个主要环节。预计至 2030 年，CO_2 捕集成本为 90 ~ 390 元 / 吨，2060 年为 20 ~ 130 元 / 吨；CO_2 管道运输是未来大规模示范项目的主要输送方式，预计 2030 年和 2060 年管道运输成本分别为 0.7 元 /（吨·千米）和 0.4 元 /（吨·千米）；2030 年 CO_2 封存成本为 40 ~ 50 元 / 吨，2060 年封存成本为 20 ~ 25 元 / 吨。装机容量大的电厂每度电成本、加装捕集装置后增加的发电成本、CO_2 净减排成本和捕集成本更低。在石化和化工行业中，CCUS 运行成本主要来自捕集和压缩环节，更高的 CO_2 产生浓度通常意味着更低的 CO_2 捕集和压缩成本，因此，提高 CO_2 产生浓度是降低 CCUS 运行总成本有效方式。总体来讲，当前 CCUS 已基本具备大规模示范的经济可行性。

CCUS 也能够为就业方面带来不小的贡献。CCUS 技术部署会在项目运行与管理、工程设计、金融、组建与设施生产等领域形成新的低碳岗位，从而推动相关行业低碳转型以及当地经济发展。因此，除煤基能源产业结构变革引致的经济增长水平变动外，CCUS 技术的应用发展对三大煤基能源产业的就业也会产生影响。CCUS 技术带来的就业红利可以有效避免煤基能源产业优化转型过程中的就业摩擦问题，尤其是对于煤基能源产业集中地区，相关就业人员较多，这可以防止当地大规模失业可能造成的经济社会风险。

对整体经济而言，大规模应用 CCUS 技术后，在给煤基能源产业带来根本性变革的同时，还会以煤炭、电力等能源为介质对全社会的经济发展产生重要影响。此外，CCUS 技术的大规模应用可以有效避免煤炭价格波动，由此降低可能导致的系统性能源供需风险。

（3）我国煤基能源产业结合 CCUS 技术具备独特优势　我国煤基能源西部化、集中化、规模化的发展趋势，为 CCUS 快速发展提供了有利条件，主要表现在以下几个方面。一是煤炭能源基地建设布局有利于CCUS区域管网布局建设。按照国家现有规划，未来煤炭开采布局将进一步向晋陕蒙宁甘新等资源密集的西部、北部地区转移，并形成新的大型煤炭能源基地。这些新建煤炭基地拥有较好的CO_2封存与利用条件。二是在煤炭能源基地进行大型集中化有利于CCUS的规模和集聚效应。未来，煤炭能源基地的大型化和集聚化是不可避免的趋势。这使得CO_2排放更加集中，实施捕集的规模效应更加显著。煤、电、油、气、化、新能源等产业可以更加有力地合作，以实现大型化和集聚化，从而为多种行业和多种资源的协同发展提供可能，并进一步凸显CCUS的集聚效应。三是煤化工行业的高浓度碳源具有提供早期低成本CCUS机会的潜力。在CCUS的四个环节中，捕集环节是最昂贵的，而高浓度碳源的捕集成本比低浓度碳源要低得多。因此，煤化工行业作为高浓度CO_2排放源，具有较低成本的捕集潜力，可以促进中国CCUS技术的发展和CCUS产业链的培育。

Toward Carbon Neutrality:
Clean and Efficient Use of Coal,
Transformation and
Development of
Economic Society

碳中和下煤炭清洁高效利用与经济社会转型发展

第 5 章

宏观经济耦合工程技术的综合评估模型构建

本章采用嵌入全流程CCUS系统评价模型的可计算一般均衡模型（computable general equilibrium model，CGE）对未来CCUS技术潜力进行评估。不同于一般技术应用或经济政策评估，CCUS技术潜力评估具有一定的特殊性，需要做好技术经济评估模型和宏观经济政策评估模型的衔接。主要原因在于：

一是CCUS技术涵盖捕集、压缩、储运、利用及地质封存等多个环节，需要采用技术经济评价模型细致考察全产业链的规划利用。未来CCUS技术的大规模应用主要依附于煤基能源产业，CCUS需要与资源开采、能源生产、能源储运与能源利用过程相结合，此过程涉及全链条集成等技术单元之间的兼容性和集成优化等关键问题。

二是CCUS技术应用需要和当前的煤基能源产业布局进行系统规划，才能最大程度降低成本。不同工业过程开展CCUS技术均经过捕集、储运与利用及封存技术单元，即使在煤基能源产业内部，各行业应用CCUS也有着较大差异，需要从成本角度考虑行业间的技术条件和优先顺序等。

三是CCUS技术结合煤基能源产业后对整体能源结构转型、经济社会发展的间接影响需要评估。CCUS应用不仅会对煤基能源本身产生影响，还会对碳价（反映减排成本）起到抑制作用，进而对可再生能源的竞争力产生影响。可再生能源是未来新型能源系统的主体构成，能源结构的改变势必会对经济社会发展（就业、福利等）等产生影响。

四是CCUS技术能否以较低成本满足煤基能源产业减排需求还充满着较大不确定性。一是CCUS的技术演变趋势还存在较大不确定性，CCUS与煤基能源产业的耦合度是两者相互依存的关键，也是决定CCUS技术进步的关键；二是CCUS未来的竞争对象（可再生＋储能）也面临着技术进步与发展的不确定性，这同样会对CCUS的规模化应用产生影响。这两方面不确定性均需要采用更一般化的动态评估模型进行刻画校正，进而研判CCUS的竞争优势及实际应用可能性。

综上所述，上述几方面因素给CCUS的技术评估带来了较大挑战，也决定了本书采用嵌入全流程 CCUS 系统评价模型的可计算一般均衡模型的必要性。本书不仅要系统全面剖析当前静态 CCUS 应用的具体场景的技术经济条件（全流程 CCUS 系统评价模型的优势），还要对未来各种不确定性条件下的 CCUS 动态变化趋势进行研判（CGE 模型的优势）。因此，只有将二者纳入到同一模型中进行分析，才能真正做好碳约束下 CCUS 的技术应用可行性及其对煤基能源产业、能源电力结构、经济社会发展等的政策评估工作。具体而言，本书使用的全流程 CCUS 系统评价模型为 ITEAM-CCUS 模型，CGE 模型为 CHINAGEM-E 模型。

5.1　ITEAM-CCUS 模型框架

5.1.1　模型方法总体介绍

针对我国煤基能源产业与 CCUS 技术特点，研发全流程 CCUS 系统评价模型（integrated techno-economic assessment method for CO_2 capture, geological utilization and storage，ITEAM-CCUS）。模型以排放源评估、封存场地筛选、源汇匹配与技术经济分析为核心进行综合分析，评估企业煤基产业开展 CCUS 的技术、成本范围、减排潜力及优先项目清单等。

ITEAM-CCUS 模型的基本特点与假设包括：模型的参数来源于实际工程和区域地质资料；实现各环节技术成本的单独和环节间的成本能耗优化，及全流程 CCUS 系统的优化；经济评价采用预算型技术经济模型；点对点（源汇匹配）匹配适合 CCUS 技术早期进行项目筛选和机遇寻找的过程；CCUS 系统评估中所有环节的技术方案均以现阶段的最优技术（best available technologies, BATs）作为参考，即具有规模化的技术成熟度、成熟的装备制造水平、清晰的成本构成和大量的应用经验。

ITEAM-CCUS 模型的评价过程包括：完成排放源收集及筛选；完成

CCUS 场地适宜性评价；根据设定的情景，开展源汇匹配；最终形成以全流程 CCUS 项目的平准化成本为基础的成本曲线；得出评价结果，包括适宜 CCUS 改造的企业、适宜封存场地、成本范围、减排量等。

5.1.2 排放源筛选方法

排放源筛选包括三个评估内容：

（1）排放源调研　数据包括位置、运行时间、规模、产能、产量、工艺、产品、水电煤消耗及单价、碳排放量（各工艺的）等重要参数；将数据进行整理、分析、形成数据库。

（2）CO_2 排放量计算　如调研过程能明确 CO_2 排放量，即不用进行计算。CO_2 排放量由产量／产能与排放因子的乘积得到：

$$E_{CO_2} = \sum_j^N \sum_i^M (E_{CO_2})_{ij} = \sum_j^N \sum_i^M (EF_{ij} \times P_{ij}) \tag{5-1}$$

式中，E_{CO_2} 为年累计 CO_2 排放量；$(E_{CO_2})_{ij}$ 为评估的产品 j 的工厂 i 的 CO_2 排放量；EF_{ij} 为产品 j 的工厂 i 的 CO_2 排放因子，排放因子参考国家评估方法或由企业提供参数；P_{ij} 为产品 j 的工厂 i 的产量／产能；N 为所有的产品数量；M 为工厂数量。

（3）排放源筛选　参考一定的筛选标准，包括技术适用性标准、成本要求、政府规定、法律法规等，技术适用性标准包括 CO_2 封存场地筛选、位置、服役年限、规模、负荷率、减排需求、空间大小。

5.1.3 CO_2 封存场地筛选方法

CO_2 封存场地筛选采用次盆地尺度的场地适宜性评估方法。CO_2 封存场地筛选是 CCUS 技术的关键，适宜的封存场地可以降低封存风险和成本，并为具体工程提供原则性指导。CO_2 咸水层封存场地分布采用魏宁等的次盆地

尺度的 CO_2-EWR 场地适宜性评价结果，评价指标主要来源于以下三个方面。

（1）安全性（风险最小）　CO_2 咸水层封存场地必须具有良好的储层 - 盖层条件，储盖层性质包括：孔隙率、渗透率、均质性、突破压力、厚度、横向连续性、裂缝网、主要贯穿断层和临界压力等。风险评价包括主力盖层评价、二级盖层评价、存在的潜在泄漏路径和影响储存区域的危害可能性评价。

（2）经济性（成本最低）　主要内容包含封存容量评估和 CO_2 注入性评价。咸水层封存容量的评估方法采用美国能源部（US-DOE）的体积法和《石油工程手册》的标准分流计算方法。CO_2 注入性（CO_2 注入速率）与储层性质（厚度、渗透系数、岩性、孔隙率、深度）、储盖层的力学特性、井场布局和边界条件有关。

CO_2 有效封存量的评估方法以 US-DOE 的方法为例，计算公式如下所示：

$$G_{CO_2} = A \cdot h_g \cdot \varphi_{tot} \cdot \rho_{CO_2} \cdot E_{saline} \tag{5-2}$$

$$E_{saline} = E_{A_n/A_t} \cdot E_{h_n/h_g} \cdot E_{\varphi_e/\varphi_{tot}} \cdot E_v \cdot E_d \tag{5-3}$$

式中，G_{CO_2} 为深部咸水层的 CO_2 封存容量；A 是深部咸水层体积；h_g 为深部咸水层的厚度；φ_{tot} 为深部咸水层的平均孔隙率；ρ_{CO_2} 为 CO_2 密度；E_{saline} 为咸水层内 CO_2 置换系数；其他参数（US-DOE 方法）具体解释参见 IEA 的报告。E_{saline} 参数的影响因素多，评估难度大。一般情况下，体积法容量评估的封存系数采用推荐的范围。由于中国沉积盆地的构造与沉积环境与国际上的大多数环境有显著不同，中国沉积盆地的具体参数需要进一步修正，需要对 US-DOE 的体积法进行综合调整与修正。修正内容包含中国地质参数校正、封存技术方案修正与场地适宜性修正三个部分，计算封存系数 E_{saline}，从而计算最终的封存容量，大大提高容量评估的准确性。

（3）社会环境等外部因素　主要考虑人口密度、城市分布、自然资源的分布、地上和地下空间使用的冲突及其他相关因素，如经济水平、环境保护等。

具体进行场地尺度的场地筛选时，还需要考虑更多的因素。CO_2 咸水层封存的工程场地为开展 CO_2 地质封存用的井场设备、封存设备及增压、监测等设备与设施的地表场地，与封存场地（地下部分）相区别。地表场地的自然条件包括地形、地貌、气候、城市、交通等条件，这些条件直接影响 CO_2 地质封存工程的开展。工程场地尽可能避开居民点、自然保护区、铁路、基本农田保护区、自然保护区、文物保护单位、重要工矿区、城市规划区等区域，同时不宜建设在易出现滑坡、山崩、泥石流等灾害地段。为了保证早期 CCUS 项目的工程示范、科研和安全，工程场地筛选必须满足一定的条件。

CO_2-EOR 油藏的筛选指标是根据中国地质条件与油田情况在已有研究中 CO_2-EOR 场地筛选标准基础上形成的油田 EOR 筛选方法与油田生产曲线，包括温度、压力、渗透率、原油重度、原油饱和度等指标。

5.1.4　源汇匹配方法

煤基产业 CCUS 的源汇匹配是在排放源筛选和场地适宜性评价的基础上开展的。源汇匹配是评估每一个排放源是否有一个合适且成本最低的 CO_2 封存场地。根据 CO_2-EWR+CO_2-EOR 结合技术的技术设定，采用 GIS（地理信息系统）空间分析方法将每个 CO_2 源在一定搜索半径内搜索适宜的封存场地，形成源汇匹配组合，源汇之间以管道连接；源汇匹配原则是优先匹配油田，在油田成本高或者封存量不足时再匹配咸水层。源汇匹配后系统评估优化全流程 CCUS 项目的成本，获取源汇组合序列，并形成成本曲线。成本曲线表示 CCUS 项目在运行期间的减排能力与成本范围，以平准化减排成本为基准，考虑了捕集、压缩、运输、封存系统的资本成本和运行维护成本，还包括 CO_2-EOR 生产的原油的收入，该收入平衡了全流程项目的部分成本。

5.1.5　全流程 CCUS 的技术经济评估方法

全流程 CCUS 的成本包括 CO_2 压缩成本、管道输送成本、咸水层封存 / EOR 的成本，成本分析采用预算型成本分析方法。每个技术部分的成本包括资本支出（CAPEX）和操作维护成本（operation & maintenance cost，O & M）；CO_2-EOR 还要考虑原油销售的额外收入，用以抵消部分成本。各环节的设备、材料、能源动力等成本单价为 2017 年调研的预算价格，企业尺度 ITEAM-CCUS 系统的关键技术参数主要参考魏宁等的研究成果。

全流程 CCUS 的成本曲线是对所有的可行的源汇匹配进行技术经济评价得出的，用来评估燃煤电厂 CCUS 改造的成本趋势。成本曲线的评价方法是在 Dahowski 方法的基础上，根据数据收集情况与研究精度进行调整与更新。成本曲线考虑初步的技术设计和全流程 CCUS 项目（包括 CO_2 捕集、压缩、运输、地质封存与利用）的经济评价，评价的主要内容包括排放源的位置、捕集技术、规模、压缩技术、管道路线、储层容量、注入方案、注入性以及潜在地质体的驱替效率，最终集中定义了 CCUS 项目的成本范围和封存容量的量级。

成本曲线包括平准化成本（levelized cost, LC）、平准化净减排成本（levelized avoid cost, LAC）、平准化额外发电成本（levelized additional cost of electricity, LACOE）及改造后总成本（即清洁电力成本）（total levelized cost of electricity, TLCOE）。LC 为年化 CO_2 减排总成本除以年 CO_2 减排量。LAC 为年化 CO_2 减排总成本除以年 CO_2 净减排量（CO_2 减排量 + CCUS 额外增加的 CO_2 量）。LACOE 为 CO_2 年减排成本除以年总发电量，是在低碳排放的情况下，CCUS 改造对每单位净发电量所产生的额外成本，代表的是为了生产低碳电力而产生的单位电力的额外成本。LACOE 曲线考虑了捕集和压缩系统的资本成本、运行和维护成本、燃料成本、CO_2 运输以及封存成本，还包括 CO_2-EOR 和 CO_2-EWR 生产的原油的收入，该收入补偿了全流程项目的部分成本。TLCOE 为年发电综合成本与 CCUS 减排成本之和除以电厂年净输出电量，改造前平准化发电成本设置为每个发电厂的电网价格，因此 TLCOE 简化为电厂 CCUS 改造的 LACOE 与该电厂的上网电价之和。

煤电、煤化工 CCUS 的平准化减排成本 LC 计算采用如下公式：

$$LC = C^{annual}/Q_{CO_2} = (C_C \times I + C_{O\&M})/Q_{CO_2} \tag{5-4}$$

式中，C^{annual} 为全流程煤化工和煤电年化 CCUS 总成本；C_C 为投资成本；$C_{O\&M}$ 为年运行维护成本；I 为资本回收因子，$I = [i \times (1+i)^n]/[(1+i)^n - 1]$，$i$ 为折现率；Q_{CO_2} 为年 CO_2 封存利用量。

$$LACOE = (fcf \cdot C_{TCR\_CCUS} + C_{FOM\_CCUS} + P_{CCUS} \cdot Hrs \cdot c_{ele} + m_{CO_2, cap} \cdot c_{T\&S})/(P'_{net} \cdot Hrs) \tag{5-5}$$

式中，$m_{CO_2,cap}$ 表示各个电厂或机组的 CO_2 捕集量，t/a（吨/年）；c_{ele} 是电厂内部发电成本，RMB/(MW·h)[元/（兆瓦·时）]；C_{TCR_CCUS} 和 C_{FOM_CCUS} 分别表示 CCUS 捕集的资本支出和运行维护成本，RMB（元）；$c_{T\&S}$ 表示运输和封存的总的平准化成本，不包括电力消耗，RMB/tCO_2（元/吨二氧化碳）；P_{CCUS} 是全流程 CCUS 系统产生的能量损失，包括系统的耗电量、溶剂再生产生的等效电负荷，MW（兆瓦），通过性能系数（COP）将捕集系统热负荷转换为等效电负荷；fcf 表示固定费用因子；P'_{net} 是改造后的净容量，MW（兆瓦）；Hrs 是运行小时数。

5.2 中国能源 CGE 模型框架

5.2.1 CGE 模型选择

5.2.1.1 CGE 模型介绍

CGE 模型以著名经济学家瓦尔拉斯的一般均衡理论为根基而建立，能够凭借真实的经济数据模拟出现实的经济系统在政策冲击下的反应，将抽象的一般均衡理论过渡成可计算的模型。Dixon 等认为 CGE 模型有三个显著特点，首先它由于包含了多个追求最优化行为的经济主体因而是一般的（general），其次它通过价格内生机制来实现市场出清因而是均衡的（equilibrium），最后它能够得出具体的数值结果因而是可计算的（computable）。目前 CGE 模型已经被广泛应用于全球贸易流动和贸易自由化等贸易政策、公共财政政策（特别是税收政策）、资源与环境、收入分配等诸多领域，是经济学家进行政策分析的有效工具。

CGE 模型不仅可以对于宏观经济发展的情况提供预测，还能够进一步分析政策对于各个产业部门的影响，为政策的推动和实施提供理论依据。近年来，能源经济学相关方面的研究得到了飞速的发展，相关的理论模型和分析方法也在不断地完善。这些模型理论基础不同，也有着各自的优势与不足。随着计算机技术的不断发展，CGE 模型逐步在世界范围内得到了推广并获得了广泛的认可。

在 CGE 模型的基础之上，通过引入能源环境政策变量，可以建立能源环境的 CGE 模型。这类 CGE 模型能够有效对能源 - 经济系统中各类复杂关系进行定量的刻画，并进一步耦合分析政策的实施对于宏观经济变量、产业布局、能源使用效率和居民福利的影响。构建一个符合中国实际国情，反映能源环境与经济增长协同发展的 CGE 模型有助于为能源环境政策的制定提供科学可靠的定量分析工具，提高相关决策的科学性，对于提升我国能源经济相关方面研究的理论与实践水平具有十分重要的现实意义。

5.2.1.2　CGE 模型特点

能源与气候变化研究领域有很多不同的模型研究方法。下面简单归纳和比较 CGE 模型与其他几种常见的模型。

（1）MARKAL 模型　MARKAL 模型起源于 20 世纪 70 年代，这种模型以技术为基础，在一定的能源供求和污染排放的条件下，寻找成本最小、结构最优的能源系统。该模型最主要的优点在于其对能源开采运输转化等环节能够进行细致的刻画，对能源系统的结构把握更加深刻。但是 MARKAL 模型的能源需求是外生的，需要其他预测模型给出相关参数。同时，该模型在进行技术选择的时候在一定程度上会忽略替代影响因素，从而使技术选择分析与实际情况产生偏差。

（2）LEAP 模型　　LEAP 模型使用数理的方法来预测经济体中各部门的能源供求，并能提供能源结构变化对于经济影响的情景模拟。LEAP 模型的优势在于该模型的结构完整清晰，易于理解，对数据的应用较为灵活方便，同时可以和其他能源经济模型相结合，完善研究成果。然而，LEAP 模型只能用于情景的核算，对于能源结构变化的定量度量不够充分。

（3）MESSAGE 模型　　MESSAGE 模型是以运筹学和混合整数规划的方法为基础的线性动态规划模型。MESSAGE 模型在探求能源供求、不同技术替代以及全局优化方面具有较高的准确性。但是 MESSAGE 模型中有一部分参数往往是由外生给定的，这也意味着会受到模型建立者一定的主观影响。同时，该模型也不能反映各经济部门在受到冲击时相互之间的作用和影响。

（4）计量经济学模型　　国内外学者利用计量经济学模型研究能源问题已经积累了足够丰富的成果。这些研究成果对于探究能源波动与经济的协同关系在短期与长期的维度上都具有较高的参考价值。常见的计量经济学模型有 VAR、ECM 等模型。Istemi Berk 和 Hakan Yetkiner 利用 16 个国家的 1979 ～ 2011 年的面板数据分析了能源价格与经济增长之间的关系。国内也有颇多相关领域的研究，如杭雷鸣利用计量模型研究了如何进一步改善我国能源消费结构问题。

利用计量经济学模型探究能源环境是一种成熟的方法，但是依然有一定的不足。例如计量经济学对于历史数据的要求相对较高，在处理数据的过程中可能遗漏重要信息。采用计量经济学模型所得到的检验结果对于模型的主观设定相当的敏感，具有较大的不确定性。因此，计量经济学模型得到的结论对于政策制定的直接意义并不大。

（5）CGE 模型 上述前三种模型通常被概括为能源技术模型，以线性规划和系统动力学为基础，探求能源、经济和谐互动的技术理论和政策措施。能源技术模型还包括 EFOM 模型、MEDEE 模型等，它们之间有一定的相似性。这一类模型主要采用工程学的方法，经济层面的分析相对较弱。这类模型主要被使用于能源技术选择的政策研究、能源技术对环境的影响分析等，但是无法刻画不同经济部门之间的协同联系与反馈效应。

计量经济学模型和 CGE 模型可以被概括为能源经济模型，它们是以经济学为基础，在宏观层面上探求能源政策对于经济变量的影响。这类模型还有 GEM-E3、MACRO 模型等，但大多数都是以 CGE 模型为基础发展而来的。能源经济模型能够阐明各经济部门在政策的影响下相互之间的联系和作用，但是这类模型对于能源技术的刻画没有能源技术模型更加充分。

CGE 模型具有丰富的理论基础，能展示各产业部门的经济联系，在模拟冲击对于经济体影响方面独具优势，因此 CGE 模型已经成为分析能源环境政策的标准工具之一。对于能源系统的研究和能源政策的规划已经是一个涉及经济、社会、环境、气候等多领域的复杂问题。在所有的模型中，CGE 模型一方面是众多能源经济模型的发展基础，同时也是目前世界各国在能源环境与气候领域应用最为广泛的能源经济模型；另一方面 CGE 模型可以与能源技术模型相互连接，如 LEAP 模型中几个重要的部门可以分成多个子部门，然后与 CGE 模型结合使用，从而更加全面地分析能源政策的有效性。因此，开发适合中国国情的 CGE 模型对于研究我国能源环境的现状，并提出相应的政策性建议具有十分重要的意义和价值。

5.2.2 CHINAGEM-E 模型理论框架

5.2.2.1 基础模型理论: ORANI 模型

CHINAGEM 模型的总体理论框架基于 ORANI 模型。ORANI 模型由 Peter Dixon 等在 20 世纪 70 年代末建立，作为可计算一般均衡模型（CGE）

的开山之作，ORANI 被认为对经济方法论做出了巨大的贡献，后续很多 CGE 模型也都是在 ORANI 的基本框架下发展而来的，例如 ORANI-G、USAGE、TERM、MONASH 模型等。ORANI 是一个静态的单国 CGE 模型，被广泛应用于政策导向的研究，如研究劳动力市场成本变化、国内石油的定价政策、汇率政策的变化如何影响一个国家的宏观经济运行。ORANI 打破了投入产出分析中的惯例，即一个行业只生产一种商品，而且一种商品只被一个部门生产。ORANI 中允许存在多产品生产的行业和多行业生产的产品。模型中包含经典的生产者和消费者的优化选择理论，所有生产者追求自身的利润最大化，而消费者则需要最大化自己的效用。通过使用 Armington 弹性，详细描述了国产产品和相似的进口产品之间的替代弹性，从而在模型中刻画出了一国的国际贸易模块。

ORANI 中有描述商品和要素投入相关的技术变化的变量，这使得 ORANI 成为分析技术变化影响的可靠的工具，例如分析制造业部门的生产率进步 10% 将会对全行业的劳动力就业人数产生何种影响。除了行业产出、就业人数和价格变量外，ORANI 还可以得到其他很多经济变量，如商品进出口、工资水平、资本的回报率、资本存量、家庭消费等。

ORANI 能够最大限度地转变内生与外生变量的性质，内外生变量的分类是灵活的，某个变量在一个模拟中可能是内生变量，在另一个模拟中可能就变成了外生变量。变量的数量通常大于方程的数量，但可以用一系列方程组计算因外生变量变化而导致的内生变量变化（其数量等于方程数量）。但 ORANI 只是静态模型，只能分析某种政策在未来几年后的影响，并不能得到每一年的模拟结果，对政策分析的能力有限，为弥补此静态模型的缺陷，澳大利亚维多利亚大学政策研究中心（CoPS）开发了 MONASH 递归动态机制，创造出动态的可计算一般均衡模型。

5.2.2.2　模型动态机制：MONASH 模型

在 ORANI 的基础上，CoPS 于 1993 年开发了澳大利亚经济的动态可计算一般均衡模型（CGE）: MONASH 模型。自 20 世纪 90 年代以来，MONASH 模型已被广泛应用于贸易改革等一系列问题的经济政策分析，如税制改革、联邦和地区政府之间的财政关系、预测温室气体排放量、人口老龄化及相关问题、政治事件对旅游业的影响、就业和工资政策以及经济衰退期间的宏观经济政策。代表作如分析澳大利亚加入 APEC（亚太经济合作组织）的中长期影响、预测汽车行业的未来发展、政府的税收政策以及经济结构变化可能带来的影响。MONASH 强调建立一个现实的基线来支持政策分析。大量建模工作致力于将历史数据纳入基线，以便与政策情景进行比较。MONASH 将政策效应计算为与现实基线的偏差。

和它的前身 ORANI 一样，MONASH 也有着高度的微观经济细节。与 ORANI 不同的是，MONASH 除了使用了最新的数据外，还纳入了分析经济不同领域的专家组提供的详细信息，包括: 国内宏观经济、澳大利亚经济政策、世界商品市场、国际旅游业、生产技术以及消费者偏好等。纳入此类信息的 MONASH 模型更能保证预测工作中整个经济的一致性，因为能看到某种政策对经济不同部分和方面的预测。

相比 ORANI，MONASH 还对动态机制做了更详细的说明。例如，ORANI 是一个静态模型，它只能回答诸如"澳大利亚加入 APEC 五年后，对国家发展的影响如何? 进口关税降低三年后，汽车产量将会如何变化? "等问题。而 MONASH 模型却能提供未来五年内每年的经济发展情况以及关税降低三年内每年的汽车产量。

5.2.2.3　MONASH 模型中国化: CHINAGEM-E 模型

CHINAGEM 是基于 ORANI 模型开发的中国经济的递归动态可计算一般均衡模型（CGE），原始的模型核心数据库是 2002 年的中国投入产出表，包含 149 个部门。模型中存货是外生的，政府支出是内生的，由政府在不同商品和服务上的支出决定。假设市场完全竞争，生产规模收益保持不变。

CHINAGEM 是一个 MONASH 模式的动态 CGE 模型，同 MONASH 一

样，CHINAGEM 强调根据大量数据建立一个现实的基线来支持政策分析，从而使政策模拟可以显示经济政策变化的影响，政策模拟和基准情景的偏离即为此政策带来的经济影响。CHINAGEM 模拟从一个基准年开始，该基准年有详细的投入产出数据，例如 2002 年的中国投入产出表数据。投入产出表用于构建一个模型数据库，描绘当年中国经济的概况。模型数据库为 CHINAGEM 中包含的方程组提供了初始解。CHINAGEM 方程系统有一组数量和价格变量，对应投入产出数据库中的每个值。

CHINAGEM 作为一种动态 CGE 模型，可用于评估偏好和技术的变化，并生成最新的投入产出，根据政策变化、世界商品价格的变化以及偏好和技术的变化等驱动因素解释经济历史时期，使用专门从事宏观、出口、旅游和政策预测的组织提供的数据预测行业和区域的变化，计算由于政策实施引起的经济发展路径的偏差。CHINAGEM 还可以描述经济主体的行为以及经济部门之间和中国与世界其他地区之间的联系，以捕捉某个政策或者事件对于中国经济的影响，因此 CHINAGEM 为以贸易、宏观经济政策为导向的分析提供了有用的工具。如 CHINAGEM 被用于评估文化政策对文化产业的冲击、新冠疫情对中国的影响等。CHINAGEM 虽被广泛应用于贸易和经济政策领域，但 CHINAGEM 由于缺乏对能源发电系统的详细刻画，应用此模型分析能源政策时显得稍微逊色，因此需要对 CHINAGEM 模型中的碳排放、能源和发电细节做出相应的改进。具体改进将在 5.3 节中详细介绍。

5.3　宏观经济与技术模型的耦合

本书使用的具体模型是嵌入 ITEAM-CCUS 模型的 CHINAGEM-E 模型。本节介绍 CHINAGEM 模型所做的五项扩展：拆分能源和发电部门，建立能源与碳排放账户，建立能源 - 要素生产多层嵌套结构，设计碳价机制，引入 CCUS 减排成本曲线。

5.3.1　拆分能源和发电部门

为了更细致地描述能源和发电部门的变化，CHINAGEM-E 把原始数据库中的 149 个部门拆分为 157 种产品和 159 个行业。

首先，将石油和天然气部门拆分成两种产品和三个产业（见表 5-1）。两种新产品分别是石油以及天然气。三种新产业分别是石油、传统天然气以及新型天然气。其中，传统天然气产业和新型天然气产业都只生产同一种产品，即天然气。原油作为产品只销售给炼油厂，而天然气作为产品只销售给炼油厂以外的用户。

表 5-1　石油和天然气开采部门与被拆分后产业及产品对应关系

中国投入产出表（2017）原始部门	被拆分后的产品	被拆分后的产业
石油和天然气开采	石油	石油
	天然气	传统天然气
		新型天然气

其次，把发电部门拆分为 8 种产品，9 个行业（见表 5-2）。8 种产品分别为煤电、气电、核电、水电、光电、风电、生物质能发电和输配电。除风电外，其余每种产品均由其对应产业生产。风电行业进一步细分为陆上风电和离岸风电，他们生产同一种产品——风电。CHINAGEM-E 还假设所有发电部门的产品均出售给输配电行业。

表 5-2　电力、热力生产供应部门与被拆分后产业及产品对应关系

中国投入产出表（2017）原始部门	被拆分后的产品	被拆分后的产业
电力、热力生产供应	输配电	输配电
	水电	水电
	煤电	煤电
	气电	气电

续表

中国投入产出表（2017）原始部门	被拆分后的产品	被拆分后的产业
电力、热力生产供应	核电	核电
	风电	陆上风电
		离岸风电
	光电	光电
	生物质能发电	生物质能发电

5.3.2　建立能源与碳排放账户

CHINAGEM-E 建立了四个能源与碳排放量（而不是价值量）账户。第一，建立 2017 年一次能源消费账户，CHINAGEM-E 区分了 8 种一次能源，即煤炭、石油、天然气、水电、核电、风能、太阳能和生物电，根据投入产出表将其分配给 160 个用户（159 个行业用户和 1 个居民用户）；第二，建立 2017 年终端能源消费账户，CHINAGEM-E 区分了 12 种终端能源，即煤炭、石油、天然气、焦炭、燃煤发电、燃气发电、水电、核电、陆上风电、海上风电、太阳能、生物电，分配方法与一次能源相同；第三，建立 2017 年区分燃料类型的发电量账户，CHINAGEM-E 区分了 8 种发电技术，即煤电、气电、核电、水电、太阳能发电、陆上风电、海上风电和生物质发电，分配方法也与一次能源相同；第四，建立 2020 年区分燃料类型的碳排放量账户，CHINAGEM-E 区分了 4 种产生碳排放的燃料，即煤、天然气、石油和煤气供应，按照投入产出表中的用户消费额将碳排放量分配给 160 个用户。

5.3.3　建立能源 - 要素生产多层嵌套结构

CHINAGEM-E 创建了一个允许生产要素和能源间相互替代的新的能源 -

要素生产嵌套结构，并详细刻画了电力的嵌套结构，其中，完整的嵌套结构与弹性参数使用详见 Feng 等的研究。CHINAGEM-E 嵌套结构的顶层是一个劳动力、土地和资本 - 能源的 CES（不变替代弹性）嵌套，资本 - 能源组合是资本和能源的 CES 嵌套，能源组合又是电力和非电能源的嵌套。

非电能源是煤和非煤的 CES 嵌套，非煤是石油复合和天然气复合的 CES 嵌套，其 CES 替代弹性参考了 GTAP-E 中的设定，分别为 0.5 和 1。而石油复合是石油和原油的 Leontief 嵌套，天然气复合是天然气和天然气供应的 Leontief 嵌套，煤炭复合是煤炭和焦炭的 Leontief 嵌套。

电力是发电部门和输配电的 Leontief 嵌套，发电部门是生物电、水电、核电和"主要替代"四个平行的 CES 组合，这种平行的 CES 嵌套结构反映了这四种发电技术间难以替代的事实。"主要替代"首先是化石能源和风光电的 CES 嵌套，化石能源又是燃煤发电和燃气发电的 CES 嵌套，风光电则是风电和光电的 CES 嵌套。

5.3.4　设计碳价机制

碳价是一种特定的税，它从一定数量的实际二氧化碳排放中收集一定数量的货币价值，因此需要将二氧化碳排放的具体税收转化为与模型数据库一致的从价税。CHINAGEM-E 采用了 Adams 和 Parmenter 使用的方法实施碳定价机制，该方法已广泛应用于中国的 CGE 建模。

5.3.5　引入 CCUS 减排成本曲线

CCUS 是碳中和进程中不可或缺的技术。碳中和虽要求增加清洁能源的使用比例，但我们并不能完全放弃化石能源，例如燃煤发电可以作为备用机组，以增强中国大规模电力系统的稳定性和灵活性。CCUS 还可以防止碳中和带来过高的碳价。

CHINAGEM-E 中加入了两种 CCUS 机制，即传统 CCUS 和 BECCUS。其中传统 CCUS 用于化工、水泥、钢铁和火力发电四大领域，CCUS 能够去除一定比例的碳排放，并且假定去除单位碳排放的成本是固定的。BECCUS 仅安装在生物发电站上，这是一种负排放技术。生物质从大气中吸收碳，当它们燃烧时，会将碳释放回大气中，这个过程是碳中和的。然而，如果碳被捕获并储存，它们就会变成负排放。假设 BECCUS 是成本中性的，即其成本与销售碳排放交易许可证的收益是相同的。若经过传统 CCUS 和 BECCUS 去除碳排放后，仍有部分碳排放没有被吸收，则剩余的碳排放会被空气直接碳捕获和储存技术（DACCUS）去除，DACCUS 也是成本中性的。CCUS 应用的关键在于煤基能源行业与 CCUS 源汇匹配程度及捕集率的选择，这直接决定了 CCUS 的应用成本。

5.4 模型情景设置

5.4.1 ITEAM-CCUS 模型的情景设置

5.4.1.1 全流程 CCUS 项目评估流程及参数选择

煤基产业全流程 CCUS 的技术流程为：从煤化工厂或燃煤电厂捕集的 CO_2 被压缩运输到适宜的咸水层封存场地或油藏开展 CO_2-EWR 项目或 CO_2-EOR 和 CO_2-EWR 结合项目；产出的石油进行销售，产出的深部咸水利用脱盐技术处理后进行工业利用。

煤基产业全流程 CCUS 评估的基本设定：

① 全流程 CCUS 项目的实施周期预设为 20 年。

② CO_2 封存场地筛选是 CCUS 技术的关键技术，适宜的封存场地可以确保 CCUS 项目的安全性（风险最小）、经济性（成本最低）和社会性（封存容量最大）。CO_2 咸水层封存场地分布采用魏宁等的次盆地尺度的 CO_2-EWR

场地适宜性评价结果。

③ CO$_2$-EOR 与 CO$_2$-EWR 结合项目的匹配原则是：首先选择合适的油田，再选择合适的咸水层，且较大的油田优先。

④ 研究的煤化工 CCUS 只评价工艺排放的高纯 CO$_2$。由于煤化工工厂排放的 CO$_2$ 浓度较高，经过简单的工艺分离即可进行压缩运输，捕集成本较低，因此，煤化工的全流程 CCUS 不考虑捕集环节，CO$_2$ 直接压缩运输、利用封存。

⑤ 未考虑新增煤化工厂和电厂；技术经济评价考虑技术进步，成本降低；未考虑补贴、碳交易。

⑥ 煤化工 CCUS 潜力主要以平准化净减排成本（LAC）评价；煤电 CCUS 潜力主要以平准化净减排成本（LAC）和平准化额外发电成本（LACOE）评价。

全流程 CCUS 主要技术环节的工艺见表 5-3，各环节的关键参数设置见表 5-4～表 5-7，关键经济参数设置见表 5-8（表中计量单位采用英文符号形式）。

表 5-3　全流程 CCUS 主要技术环节的工艺

产业	CCUS 生命周期	CO$_2$ 捕集	CO$_2$ 压缩	CO$_2$ 运输	CO$_2$ 利用和封存
煤化工	20 年	仅评价工艺排放的高纯 CO$_2$，不考虑捕集环节	0.1MPa 至管道入口压力（12MPa）	超临界 CO$_2$ 管道	CO$_2$-EWR，水脱盐处理出售（不考虑 EOR）
煤电	20 年	气态 CO$_2$（0.1MPa，30℃）	0.1MPa 至管道入口压力（12MPa）	超临界 CO$_2$ 管道	CO$_2$-EWR，水脱盐处理出售 CO$_2$-EOR+CO$_2$-EWR 结合项目

表 5-4 CO_2 捕集压缩的主要技术参数

参数	定义 / 单位	确定的参数值
P_{in}	进入 CO_2 吸收器的蒸气压力 /kPa	300
P_{fin}	最终 CO_2 压力 /kPa	30
T_{in}	进入 CO_2 吸收器的蒸气温度 /℃	145
T_{fin}	最终 CO_2 温度 /℃	50
P_{abs}	吸附剂再生器的压力 /kPa	200
T_{abs}	吸附剂再生器的温度 /℃	120
R_{CO_2}	CO_2 脱除率 /%	80
R_{SO_2}	SO_2 脱除率 /%	99.5
c	MEA 浓度（质量分数）/%	30
E_p	泵的效率 /%	75
E_f	风机效率 /%	75
P_{in-c}	压缩的入口压力 /MPa	0.15
P_{out-c}	压缩的出口压力 /MPa	12
T_c	压缩的平均 CO_2 温度 /℃	30

表 5-5 CO_2 管道的主要技术参数

参数	定义 / 单位	确定的参数值
L	源汇距离 /km	由源汇匹配模型确定
P_{in}	入口压力 /MPa	12
P_{out}	出口压力 /MPa	9
T	平均 CO_2 温度 /℃	平均表面温度
T_g	平均地面温度 /℃	10
Z_{CO_2}	CO_2 压缩因数	PR 方法得到的 PVT 数据
ρ_{CO_2}	CO_2 密度 /（kg/m³）	PR 方法得到的 PVT 数据
D	管道直径 /mm	计算
	管道钢等级	X70 钢
σ_s	管道屈服应力 /MPa	483

表 5-6 CO₂-EWR 的主要技术参数

参数	定义 / 单位	参数值范围
h_n	咸水储层的净厚度 /m	根据沉积盆地确定
Φ_e	储层的平均有效孔隙度	根据沉积盆地确定
K_h	垂直和水平渗透率 /mD	根据沉积盆地确定
TDS	总溶解固体 /(mg/kg)	25000 ～ 35000
$Type_{pattern}$	井场类型（例如 5 点或 7 点）	5 点井型
DP	非均质系数（如 0.7 ～ 0.9）	根据沉积盆地确定
d_{well}	井间距 /m	模型计算
D	储层的平均井深 /m	根据沉积盆地确定
T	储层温度 /℃（如 70℃）	根据沉积盆地确定

表 5-7 CO₂-EOR 的主要技术参数

参数	定义 / 单位	参数值范围
H_{Oil}	油层深度 /km	根据油藏确定
Φ_e	油层的平均有效孔隙度	根据油藏确定
K_h	油层渗透率 /mD	根据油藏确定
h_n	油层有效厚度 /m	根据油藏确定
n	油层层数	根据油藏确定
$Type_{pattern}$	井场类型（例如 5 点或 7 点）	5 点井型
P_s	饱和油层压力 /MPa	根据油藏确定
μ	原油地下黏度 /mPa·s	根据油藏确定
d_{well}/h_{well}	井间距 / 井深 /（m/km）	模型计算
	油藏地质储量 / 岩性 / 层位	根据油藏确定

表 5-8 全流程 CCUS 项目的关键经济参数

参数	定义 / 单位	确定的参数值
N	全流程生命周期 /a	20
r	折现率 /%	10

参数	定义 / 单位	确定的参数值
P_{ele}	电价 / [元 /（kW·h）]	2019 年各省煤电上网电价
P_{oil}	油价 /（美元 /bbl）	60
P_{CO_2}	CO_2 价格 /（美元 /t）	30
P_{coal}	煤价 /（元 /t）	根据 2019 年各省煤价确定

5.4.1.2　全流程 CCUS 项目技术评估情景设置

煤化工 CCUS、煤电 CCUS 开展技术经济评价的情景根据源汇匹配距离、捕集率、CCUS 开始改造时间及 CO_2 利用和封存技术类型分别设置（表 5-9）。对煤电 CCUS（CO_2-EWR）的技术经济分析增加 2020 年的基本情景，即采用 2020 年的技术经济参数评价适合改造电厂的潜力和成本，2030 年的评价结果与 2020 年进行对比。情景设计说明：

① 源汇匹配半径设置为 250 千米和 800 千米：在无国家骨干管网或公共管网的情况下，CO_2 的运距上限设为 250 千米，因为 CO_2 运输管道不需要增压站的最大输运距离是 250 千米，对应商业化初期单独工程运作的情景；在有国家管网的情况下，CO_2 的运距上限设为 800 千米，因为 800 千米是源汇输运成本与捕集成本相当的距离（2 ～ 3 个增压站），是企业（点对点 CCUS 工程）可接受的成本的上限。

② 净捕集率设定为 50% 和 85%：参考天然气 CCGT（联合循环燃气轮机）电厂排放标准，以现有氨基捕集技术的 90% 的 CO_2 通过率为上限，CO_2 排放强度分别为 450 克 /（千瓦·时）和 135 克 /（千瓦·时）。

③ CO_2 地质利用与封存技术设定为 CO_2-EOR 与 CO_2-EWR 的结合技术和单独 CO_2-EWR 技术。由于 CO_2-EOR 的资源有限，企业很难获取 CO_2-EOR 的收益，因此 CO_2-EOR 分析是为了给出行业 CCUS 项目的减排成本下限，而单独 CO_2-EWR 项目给出了减排成本和减排量的上限。

④ 技术经济评价考虑技术进步，改造年代表不同的技术水平，2020 年

表示当前的技术水平。

表 5-9 煤基产业 CCUS 技术经济评价的情景设置

产业	2020 年基本情景	2030 年	2035 年	2040 年	2045 年
煤化工	—	① 250 千米, 高纯 CO_2 ② 800 千米, 高纯 CO_2	—	—	—
煤电	CO_2-EWR/ 结合技术: ① 50% 捕集率, 250 千米 ② 85% 捕集率, 250 千米 ③ 50% 捕集率, 800 千米 ④ 85% 捕集率, 800 千米 CO_2-EWR 技术: ① 50% 捕集率, 250 千米 ② 85% 捕集率, 250 千米 ③ 50% 捕集率, 800 千米 ④ 85% 捕集率, 800 千米	CO_2-EWR/ 结合技术: ① 50% 捕集率, 250 千米 ② 85% 捕集率, 250 千米 ③ 50% 捕集率, 800 千米 ④ 85% 捕集率, 800 千米 CO_2-EWR 技术: ① 50% 捕集率, 250 千米 ② 85% 捕集率, 250 千米 ③ 50% 捕集率, 800 千米 ④ 85% 捕集率, 800 千米	CO_2-EWR/ 结合技术: ① 50% 捕集率, 250 千米 ② 85% 捕集率, 250 千米 ③ 50% 捕集率, 800 千米 ④ 85% 捕集率, 800 千米	CO_2-EWR/ 结合技术: ① 50% 捕集率, 250 千米 ② 85% 捕集率, 250 千米 ③ 50% 捕集率, 800 千米 ④ 85% 捕集率, 800 千米	CO_2-EWR/ 结合技术: ① 50% 捕集率, 250 千米 ② 85% 捕集率, 250 千米 ③ 50% 捕集率, 800 千米 ④ 85% 捕集率, 800 千米

技术成本将随着时间的增长而降低, 本书对不同改造时间的捕集和运输封存的技术成本系数采用指数法设置, 参数指数公式如下:

$$S_1-0.7^{\left(\frac{\text{year}-2020}{1.5}\right)^2} \tag{5-6}$$

$$S_2 = 0.85^{\left(\frac{year-2020}{1.5}\right)^2} \tag{5-7}$$

式中，S_1、S_2 为捕集成本系数和运输封存的技术成本系数。

5.4.2 CHINAGEM-E 模型的情景设置

研究依据世界银行、法国国际经济研究中心（CEPII）等国际权威机构的预测结果，构建中国 2020 ～ 2060 年的基准情景，并基于国际能源署的《世界能源展望（2020 年版）》（World Energy Outlook 2020 — WEO2020），对未来 40 年中国能源使用总量与结构的变化趋势进行校准。同时以 2060 年碳中和目标，即净二氧化碳排放接近于零设定政策情景，考虑通过能效改进、碳税、电气化水平提升、CCUS 等路径共同实现。

5.4.2.1 基准情景

（1）宏观经济　在基准情景下，对宏观经济变量做了如下设定：

① 根据国际货币基金组织（IMF）发布的《世界经济展望》，受新冠疫情影响，2021 年中国经济的实际 GDP 复苏之后，从 2022 年恢复到正常增长趋势，但整体增长将缓慢下降。

② 增长方式偏向于消费及相关的产业。

③ 进口增长将超过出口增长。

④ 服务业增长将超过工业增长。

⑤ 工业增长将高于农业增长。

图 5-1 和图 5-2 分别展示了 2021 ～ 2060 年基准情景下 GDP 供给侧和需求侧的累计增长情况。

（2）能源消费、生产和价格　基准情景对一次能源煤炭、石油、天然气的消费总量，八种发电技术的发电量以及三种发电技术的价格变化进行了设定，见图 5-3 ～图 5-5。

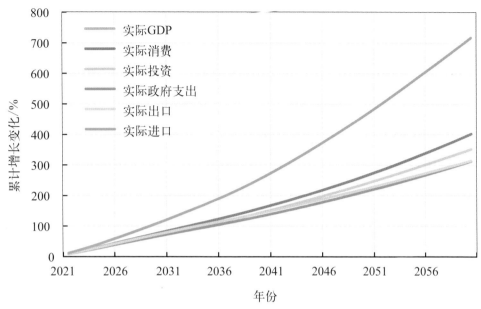

图 5-1　基准情景 GDP（需求侧）累计增长变化

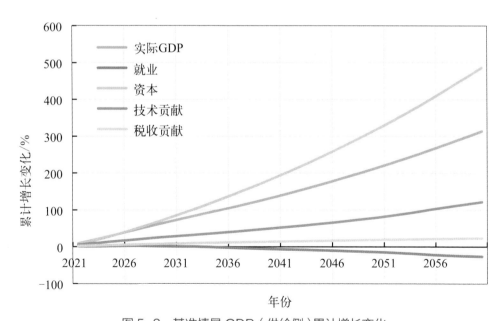

图 5-2　基准情景 GDP（供给侧）累计增长变化

数据来源: 国际货币基金组织《世界经济展望》（2020—2025）;
国际能源署《世界能源展望（2020年版）》

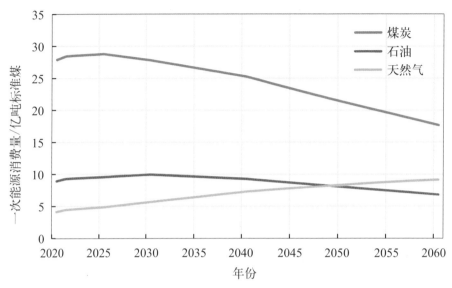

图 5-3　基准情景化石能源一次能源消费量

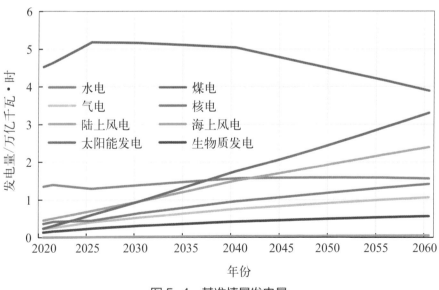

图 5-4　基准情景发电量

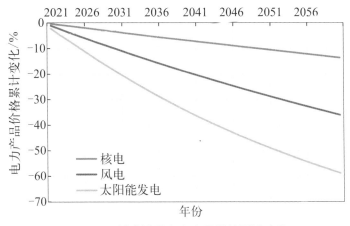

图5-5　基准情景电力产品价格累计变化

图5-3显示，即使在基准情景下，煤炭的总消费量也将于2025年达到顶峰，天然气的消费量将在2049年超过石油。值得注意的是，煤炭能源的消费在"十四五"期间仍有较明显上升，这显示出中国在2021年领导人气候峰会上提出"十四五"期间严控煤炭消费的重要意义。太阳能发电和陆上风电分别于2037年和2042年超过水电成为发电量第二和第三的发电部门，但煤电直至2060年仍是发电量最大的发电部门。

（3）能源进口量、进口价格　参考WEO2020，在基准情景下对煤炭、石油的进口量和进口价格进行了设定，如图5-6、图5-7所示。

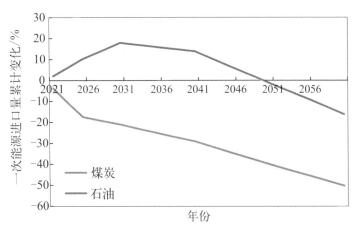

图5-6　基准情景一次能源进口量累计变化

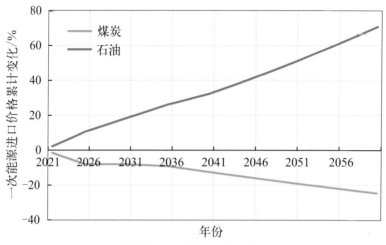

图 5-7　基准情景一次能源进口价格累计变化

如图 5-6 所示，基准情景中煤的进口量在 2021 ～ 2025 年间将迅速下降，随后下降速度减慢，并持续下降至 2060 年，总降幅为 50%。相对而言，石油进口量变化幅度较小且较为缓慢，在 2030 年达到峰值 18% 后持续下降，于 2050 年变化开始为负值。在价格方面，煤炭进口价格缓慢下降，而石油进口价格持续上升，2060 年将累计上升 71%。

（4）终端能源使用　基准情景对汽油、燃煤和天然气供应的终端能源使用量进行了设定，具体如图 5-8 所示。

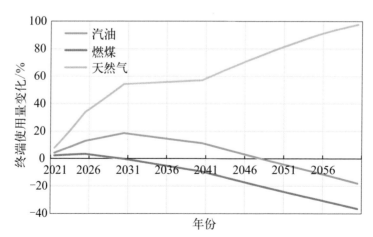

图 5-8　基准情景下汽油、燃煤、天然气供应终端使用量变化

基准情景中，燃煤的使用量从 2025 年开始缓慢下降，到 2060 年总降幅为 37%。汽油使用量与上述石油进口量累计变化相似，在 2030 年达到峰值 18% 后持续下降，2048 年使用量变化开始为负值，在 2060 年时，使用量总降幅达到 18%。天然气的终端使用量在 2021 ~ 2030 年间持续增长，后十年变化幅度较小，2040 年后开始持续增长，2060 年总使用量增幅达到 96%。

（5）能效进步 能效进步是节能减排的重要途径，在情景设定中控制了各行业的能源效率提升。

基准情景下特定发电行业的资本使用效率改进如图 5-9 所示：核电和陆上风电的资本使用效率分别累计增加 7.3% 和 12%。太阳能发电和海上风电增幅较高，分别达到 63.5% 和 38.3%。基准情景下特定高能耗产业的总能源使用效率改进如图 5-10 所示：其中，钢铁行业能源使用效率增幅最大，累计增加 36.3%，其次为造纸行业，能效累计增加 27.2%，水泥和其他高能耗行业增幅均在 20% 左右。

采用的能效假设主要参考 WEO2020。其中基准情景的能效假设主要参考 IEA 的"新政策情景（new policy scenario, NPS）"，该情景包含碳中和承诺前主要节能减排政策。

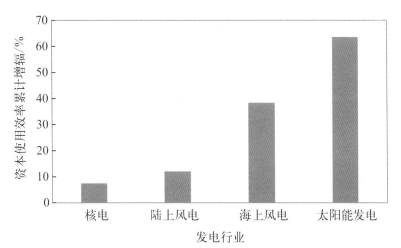

图 5-9 基准情景：资本使用效率累计增幅

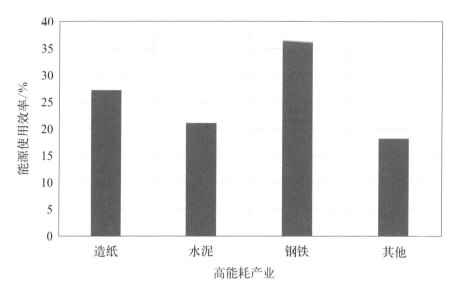

图 5-10　基准情景：能效累计进步

（6）碳价格　在基准情景中，参考 WEO2020 对发展中国家碳价水平的预测情况，并将其预测按趋势延伸到 2060 年。在 2030 年、2040 年、2050 年、2060 年，碳价水平分别设定为 159 元 / 吨 CO_2、242 元 / 吨 CO_2、324 元 / 吨 CO_2、407 元 / 吨 CO_2（图 5-11）。

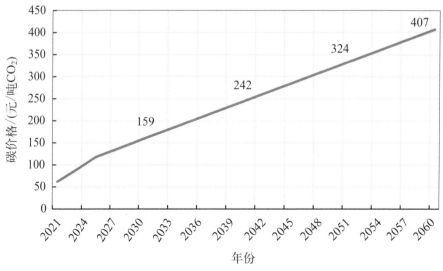

图 5-11　基准情景下碳价水平变化

关于如何理解模型中的碳价水平，需要作以下几点说明。首先，模型中的碳价代表整个经济体所承担的减排责任水平。碳价的成本会作用到所有直接产生二氧化碳排放的活动。这与碳市场不同，因为碳市场的价格仅直接作用到特定活动。其次，模拟中不会像现实中的碳市场，可能出现超发碳凭证现象。这些因素是模型中的碳价机制与现实碳市场行为不一致造成的。所以，需要注意的是，模型结果并不是对现实碳市场碳价格的预测。然而，模型结果却可以成为碳市场价格水平的参考。此外，假定所有的假设与碳价格假设都具有一致性。也就是说，它们是同时发生的，但是并没有用内在机制建立这些假设之间的内生性。

5.4.2.2 政策情景

在政策情景中，考虑通过调整能源用户的能源需求偏好、用能效率、碳价格以及碳捕集、利用与封存技术四类主要措施，实现 2060 年净二氧化碳排放接近于零的目标。

（1）宏观经济 政策情景下内生宏观经济变量，同时设定如下假设以得出政策情景下各宏观变量与基准情景的区别。

① 实际工资在政策冲击初期具有黏性，后期逐步调整以帮助就业逐年向基准情景靠近；

② 预期资本回报率决定投资；

③ 贸易平衡占 GDP 的比重与基准情景一致；

④ 政府支出与私人消费增速一致；

⑤ 进口品价格不变。

（2）能源需求偏好 能源需求偏好是指能源用户对不同能源间的偏好导致的对不同能源需求的变化。这类变化不因不同能源品种间相对价格变化而变化，而是由其他因素产生。可能的其他因素有健康因素，如居民会更倾向用天然气或电力替代燃煤取暖、做饭，这是因为家庭燃煤潜在的健康威胁；也有可能有便捷因素，如交通行业可能更倾向于使用更多的电动车而不是燃油车，这可能是因为燃油车限号等政策导向，也可能是因为电动车充电设施更完善、车辆设计更具吸引力；也可能由一项或几项因素叠加而成。

研究设置的能源需求偏好为能源中性，即替代能源需与被替代能源等值。所以，当设定一个用户对某种能源的需求降低时，会增加该用户对其他一种或几种能源进行等值消费，以不损失能源用户的能源需求。研究对于所有能源需求偏好的假设均以清洁能源替代相对不清洁的能源，这也符合对未来经济社会发展的预期。

图 5-12 展示了政策情景相对于基准情景的能源需求偏好变化。A 为非能源密集型产业建筑取暖采用煤改气时，对煤炭需求偏好的累计变化。B 为交通行业电能替代汽油时，对汽油需求偏好的累计变化。C 为高能耗产业用电力替代化石能源时，对化石能源需求偏好的累计变化。

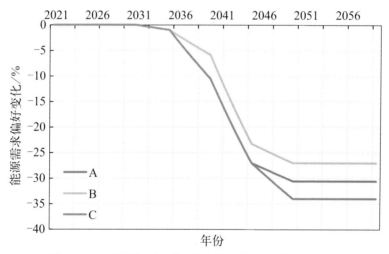

图 5-12　政策情景相对于基准情景能源需求偏好变化

（3）能效进步　相对于基准情景，政策情景对资本和能源使用效率进行了以下控制：

如图 5-13 所示，政策情景下风电的资本使用效率较基准情景有小幅下降，太阳能发电有小幅增加，核电的资本使用效率增幅在两个情景下相同。

政策情景相对于基准情景各行业使用能源的整体效率改进情况，如图 5-14
所示。

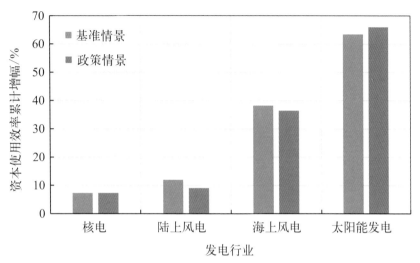

图 5-13　基准情景与政策情景资本使用效率累计增幅对比

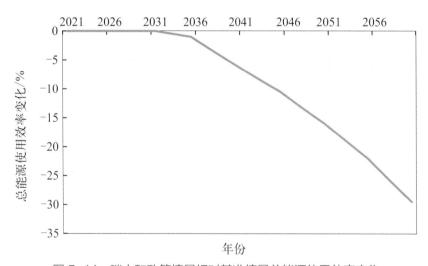

图 5-14　碳中和政策情景相对基准情景总能源使用效率变化

数据来源：碳中和情景的能效假设主要参考IEA的"可持续发展情景（sustainable development scenario,
SDS）"。该情景大致等同于全球温升1.75℃情景，同时也大致等同于中国2060年碳中和情景

（4）碳价格　在政策情景中，设定一条使 2060 年总二氧化碳排放接近
于零的路径，在该路径下利用模型内生测算　条碳价路径，将其作为碳中和

情景的碳价路径。结果显示碳中和政策情景的碳价水平在 2030 年、2040 年、2050 年、2060 年分别为 180 元 / 吨 CO_2、307 元 / 吨 CO_2、652 元 / 吨 CO_2、1356 元 / 吨 CO_2（图 5-15）。

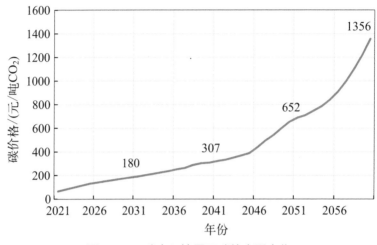

图 5-15　碳中和情景下碳价水平变化

（5）碳捕集、利用与封存技术引进　政策情景的碳捕集、利用与封存技术设定采用中国科学院武汉岩土力学研究所魏宁提供的 CO_2 捕集和封存研究数据，对煤电行业引入 CCUS 技术，通过调整煤电行业的边际减排曲线，使煤电行业在不同碳价水平下有动力提高减排技术，降低碳排放强度，从而减少能源使用成本。具体如图 5-16 所示，当碳价达到每吨 226.2 元后，煤电行业将开始使用 CCUS 技术，以减少煤电行业的总碳排放量。

由于在基准情景中对碳价进行了设定，因此当碳价高于 226.2 元 / 吨 CO_2 后，CCUS 技术在基准情景中也会发挥作用。对于宏观经济变量而言，由于基准情景设置外生控制，因此引入 CCUS 机制不会对经济变量产生影响。政策情景带来的经济影响差异可以通过比较其与基准情景的偏离得到。对于排放量而言，由于基准情景中并未对排放量进行控制，因此引入 CCUS 机制会使煤电行业受碳价影响降低碳强度和煤电总排放，从而使每年的减排量发生变化。

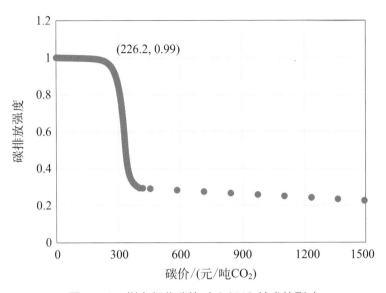

图 5-16 煤电行业碳价对 CCUS 技术的影响

Toward Carbon Neutrality:
Clean and Efficient Use of Coal,
Transformation and
Development of
Economic Society

碳中和下煤炭清洁高效利用与经济社会转型发展

第 **6** 章

CCUS 在中国能源低碳转型战略中的定位和贡献

6.1 煤基能源四大行业 CCUS 的技术经济可行性评估

针对煤基能源行业特点，构建了全流程（捕集、压缩、运输、封存利用等）CCUS 技术经济评估模型（ITEAM-CCUS）。模型基于煤电、钢铁、水泥、煤化工四大耗煤行业的实际数据，全面量化评估了我国煤基能源行业实施 CCUS 的技术可行性、源汇匹配条件、成本曲线及减排潜力，系统分析了煤电结合 CCUS 的技术经济条件及其区域差异性特点。

2019 年，我国燃煤电厂、水泥、钢铁及煤化工四大煤基能源行业排放量达到 72 亿吨，主要分布在中东部及沿海地区，占我国能源活动 CO_2 排放量的约 70%。可以发现，中东部等经济发达地区往往具有较为密集的煤基能源产业碳排放源。在考虑燃煤电厂、水泥、钢铁及煤化工四大煤基能源行业应用 CCUS 技术的成本分布后，可以发现，沿海地区煤基能源行业应用 CCUS 技术的成本明显高于内陆地区。此外，现代煤化工的应用成本较低，煤电 CCUS 的发展规模效应最显著。具体而言，四大煤基能源行业 CCUS 在平准化成本低于 325 元 / 吨时的减排潜力如表 6-1 所示。煤电行业的减排潜力最大，约占总减排量的 48.1%。

表 6-1　四个行业 CCUS 减排量

行业	平准化成本 ≤ 325 元 / 吨	
	减排量 /（百万吨 / 年）	减排量占比 /%
煤化工	116.1	6.3
煤电	890.9	48.1
钢铁	492	26.5
水泥	354.8	19.1

假定四大煤基能源行业的源点位置不变并且总规模减小，考虑碳排放规模、技术渗透率、匹配度等参数，采用 ITEAM-CCUS 方法，评估不同时间四个行业的 CCUS 减排成本曲线。由图 6-1 可知，预期到 2060 年 CCUS 的总体成本将下降 45% ～ 58%，捕集压缩成本下降 38% ～ 46%，捕集能耗下降 28% ～ 46%。

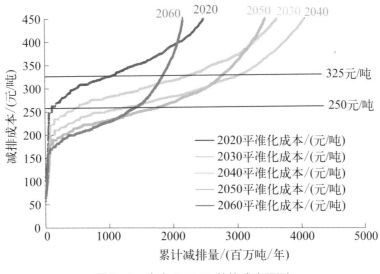

图 6-1　未来 CCUS 总体成本预测

具体而言，我国煤电、水泥、钢铁及煤化工四大煤基能源行业应用 CCUS 技术的减排成本曲线如图 6-2 所示。从整体评估结果来看，CCUS 具有良好的规模效应和边际效应，有广阔的发展潜力。从图 6-2 的成本曲线可以看出，当 CCUS 技术平准化成本低于 325 元 / 吨时，四大煤基能源行业对应的总减排量为 18.5 亿吨 / 年。当平准化成本低于 260 元 / 吨时，对应的总减排量为 4.4 亿吨 / 年；平准化成本减少 65 元 / 吨时，CCUS 技术减排总潜力增加约 14.1 亿吨 / 年。从四大行业的评估结果来看，65% 的煤基能源行业具备全流程 CCUS 技术可行性，成本在 400 元 / 吨以下的减排潜力达到 40 亿吨 / 年。其中，煤化工 CCUS 总体成本最低，具有高浓度碳源且源汇匹配性好的优势，平均减排成本约 100 元 / 吨。煤电 CCUS 规模效应最显著，占四大行业总减排潜力的 50% 以上, 优势地区在西北、华中、华北、东北等地区。钢铁、水泥 CCUS 的源汇匹配、成本区间总体与煤电特点相近。

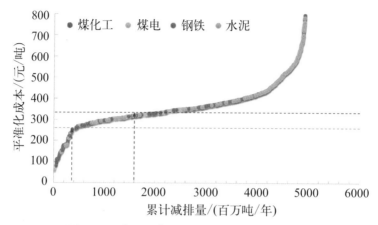

图 6-2　我国四大行业 CCUS 减排成本曲线

注: 在不同的CCUS技术平准化成本下, 曲线对应的累计年减排量为煤电、水泥、
钢铁及煤化工四大煤基能源行业减排量之和

6.2　煤电 CCUS 对能源系统转型及碳减排的作用贡献分析

通过将全国尺度煤电 CCUS 技术评估模型评估结果同中国宏观能源经济 CGE 模型 (CHINAGEM-E) 耦合链接, 本节进一步评估了以煤电结合 CCUS 技术为代表的煤炭清洁高效利用技术规模化应用对电力及能源系统低碳转型的效益。

6.2.1　一次能源总量与结构

基准情景与碳中和政策情景的一次能源消费总量持续增加, 煤炭能源消费总量递减。如图 6-3 所示, 基准情景中, 一次能源消费总量外生给定, 在

2060 年，共消费 62 亿吨标准煤；在碳中和政策情景中，一次能源消费总量在 2060 年为 57 亿吨标准煤。如图 6-4 所示，基准情景与碳中和情景中的煤炭消费分别为 18 亿吨和 8 亿吨标准煤，整体上煤炭消费总量逐年递减，这主要是由于受碳价格逐年提升、输配电部门用能需求向清洁能源转型以及整体用能效率提高三类减排措施的影响，煤电行业生产规模收缩。由于煤电是煤炭的主要下游行业，因而会带动煤炭消费量不断下降。

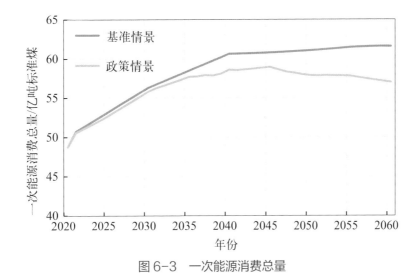

图 6-3　一次能源消费总量

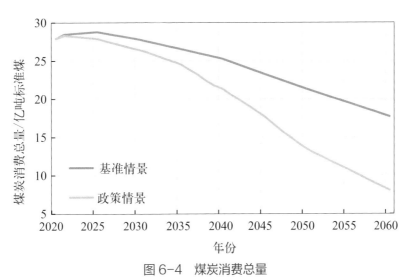

图 6-4　煤炭消费总量

清洁能源占一次能源比重逐年提升，一次能源消费结构将逐渐低碳化。如图 6-5 所示，在基准情景与碳中和政策情景中，清洁能源占一次能源比例在 2030 年分别为 23% 和 25%。可见 2030 年 25% 的目标与碳中和情景基本一致，而在基准情景下则难以实现，这体现了我国长期节能减排承诺的力度。由图 6-5 ～图 6-8 所示，到 2060 年，基准情景与碳中和政策情景中，清洁能源分别占一次能源消费的 45% 和 71%，而煤炭占一次能源的比

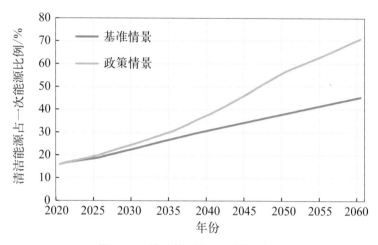

图 6-5　清洁能源占一次能源比例

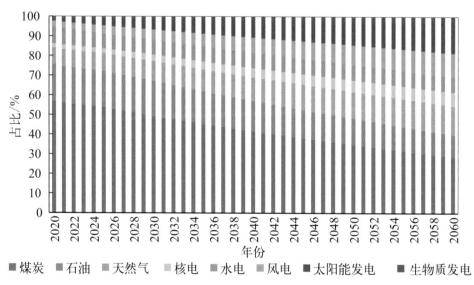

图 6-6　基准情景能源总量结构

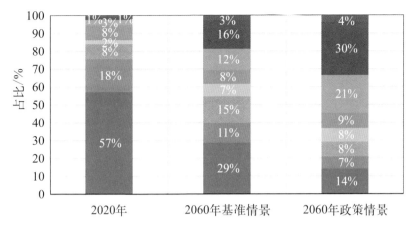

图6-7 一次能源结构

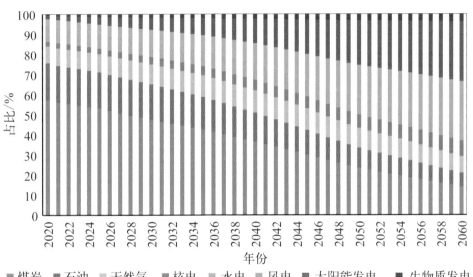

图6-8 政策情景一次能源结构

例分别为 29% 和 14%，可见碳中和情景下清洁能源比例将远高于基准情景。在基准情景中，尽管煤炭始终是第一大能源品种，但到 2060 年煤炭占能源消费总量的比例已从 2020 年的 57% 下降到 29%。石油作为我国第二大主体能源，消费量占能源消费总量的比例达到峰值（约 18%）后逐年下降，在 2060 年下降至 11%。与此同时，天然气消费逐年增加，在 2060 年占能源消费总量的 15%。2060 年，清洁能源消费占比从 2020 年的 16% 提高至 45%，太阳能和风能发电分别占 16% 和 12%，化石能源仍占据主导地位。而在碳中和情景中，清洁能源替代速度显著加快，石油占能源消费总量的比例快速下降，到 2060 年仅占 7%，天然气消费占比则经过先上升后下降的过程，在 2040 年达到峰值约 11%，2060 年下降至 8%，清洁能源消费于 2047 年开始超过化石能源，其中太阳能与风能占一次能源比例将持续快速增长，分别于 2051 年和 2056 年超过煤炭成为我国主体能源，到 2060 年太阳能发电、风电占比分别提升至 30% 和 21%，清洁能源占比提高至 71%。

6.2.2　发电总量及结构

发电总量持续上升，清洁能源发电比例逐年提高。由图 6-9～图 6-12 所示，在基准情景与碳中和情景下，发电总量都持续上升，到 2060 年分别为 14 万亿千瓦·时和 16 万亿千瓦·时，电气化程度显著提高，2060 年电力消费占终端能源消费比例分别为 48% 和 66%；燃煤发电量逐年下降，到 2060

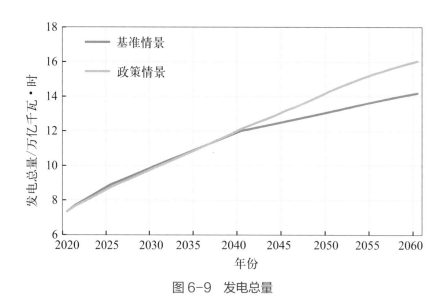

图 6-9　发电总量

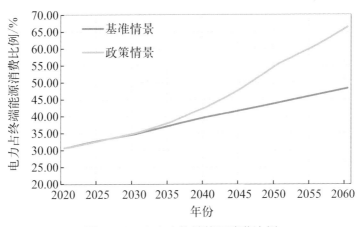

图 6-10 电力占终端能源消费比例

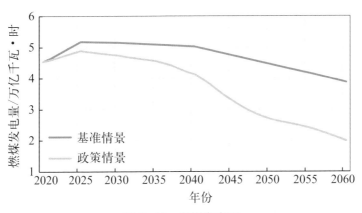

图 6-11 燃煤发电量

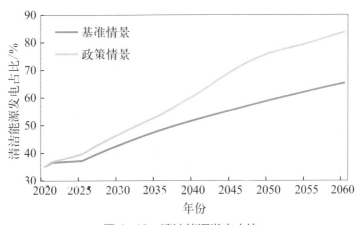

图 6-12 清洁能源发电占比

年分别为 3.9 万亿千瓦·时和 2 万亿千瓦·时；清洁能源发电比例逐年增加，到 2060 年分别为 65% 和 84%。在基准情景下煤电始终是第一大发电技术，到 2060 年占发电总量的 27%，而太阳能发电和风电分别占 23% 和 17%（图 6-13）。在碳中和情景下，太阳能发电与风电产量分别于 2051 年和 2056 年超过煤电，到 2060 年占总发电量的 36% 和 25%（图 6-14）。

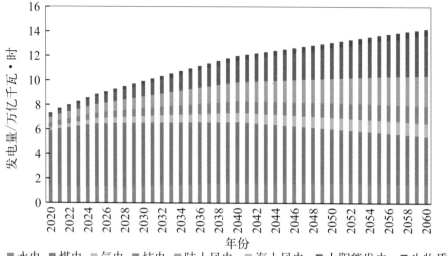

图 6-13 基准情景发电量及结构

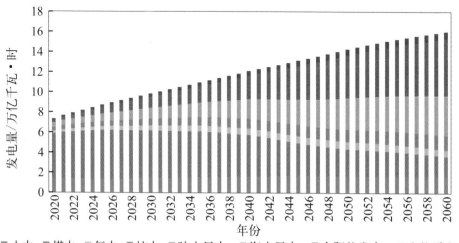

图 6-14 碳中和情景发电量及结构

6.2.3　二氧化碳排放总量路径

二氧化碳排放量显著下降，减排政策组合能够有效实现碳减排。基准情景与碳中和情景的二氧化碳排放路径如图 6-15 所示。基准情景中能源系统的二氧化碳排放量在 2060 年下降至 67 亿吨。在碳中和情景中，通过实施碳税、能效改进、调整能源需求偏好以及引入煤电 CCUS 技术四类减排措施，控制二氧化碳排放总量逐年下降，到 2060 年总碳排放量为 17 亿吨。

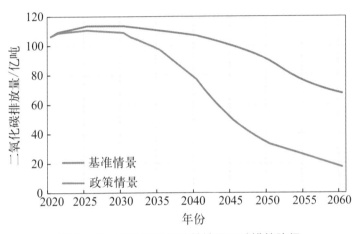

图 6-15　基准情景与政策情景下碳排放路径

能源结构调整带动二氧化碳排放结构变化，煤炭排放占比显著下降。图 6-16 展示了碳中和情景下主要排放行业的二氧化碳排放路径变化，可以发现受组合减排政策影响，化石能源生产成本提升，下游部门对化石能源需求下降，使以煤电、煤炭、钢铁、基础化学、建筑材料和城市运输为代表的高排放部门缩减产出并减少排放，到 2060 年 6 个部门的排放量均下降到 1 亿吨以下。自 2035 年煤电开始实施 CCUS 技术，煤电行业减排速度显著加快，到 2060 年煤电行业二氧化碳排放仅 0.2 亿吨。从能源安全保供和电力系统稳定运行的角度看，煤电结合 CCUS 技术的发展路径下，既可以显著减少煤电部门碳排放量，同时更可以延缓煤电部门退出市场，煤炭、煤电的兜底保障作用也可以得到进一步彰显，煤基能源产运储用产业链和能源基础设施得以更好地持续利用。

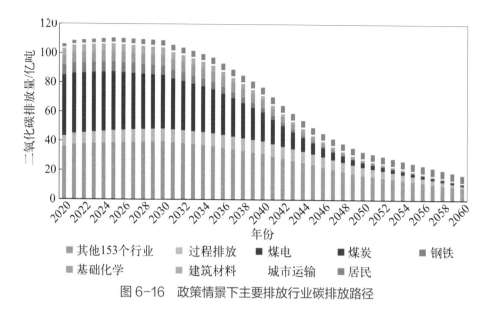

图6-16 政策情景下主要排放行业碳排放路径

图6-17 展示了碳中和情景下过程排放和各类燃料产品的排放路径变化。受下游高耗能行业产出收缩、用能效率改进和电气化水平不断提升的影响，四种燃料产品和水泥的生产规模收缩，排放量下降。煤炭产品的排放变化最为显著，到2060年政策情景下煤炭排放占比31%，排放量为5.3亿吨。

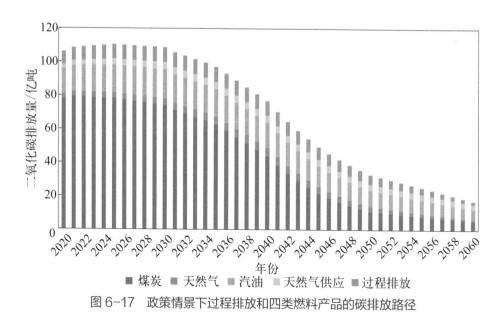

图6-17 政策情景下过程排放和四类燃料产品的碳排放路径

6.2.4　碳捕集、利用与封存技术

CCUS 技术能够显著减少能源系统的碳排放量。图 6-18 展示了碳中和情景下碳排放量和 CCUS 技术减排规模间的关系。在碳中和情景的碳价路径下，如果不考虑煤电行业的碳捕集、利用与封存技术，2060 年能源系统的碳排放总量为 21 亿吨 CO_2。加入煤电碳捕集、利用与封存技术，到 2060 年碳排放总量下降到了 17 亿吨 CO_2。碳排放量的下降源自煤电行业引入碳捕集、利用与封存技术，通过改进减排技术，降低单位能耗的排放强度，从而使总二氧化碳排放量降低。这表明，合理规划部署与优化布局 CCUS 可以降低能源电力转型带来的风险和成本，为我国经济社会与能源电力系统发展提供更具韧性的转型路径。碳达峰碳中和目标对煤炭行业的发展提出了新的要求，但"双碳"并不是简单的"去煤化"，基于 CCUS 的煤基产业优化升级能够为新能源和储能规模化发展赢得缓冲期，在未来能源结构转变中发挥关键支撑作用。

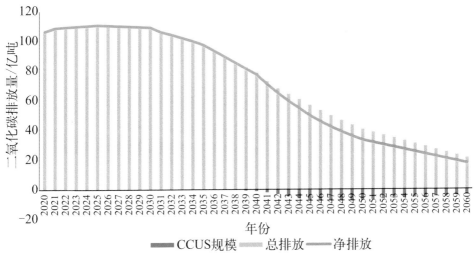

图 6-18　政策情景下碳捕集、利用与封存技术减排规模

煤电行业 CCUS 规模呈现先增后减趋势。碳捕集、利用与封存规模同时受煤电行业生产规模和二氧化碳捕集率影响。在碳中和情景中，碳价水

平持续增加刺激煤电行业加快研发减排技术，碳捕集率持续上升，但随着煤电行业净排放强度的下降，煤电减排技术的进步速度放缓，碳捕集率增速减慢，到 2060 年煤电行业 CCUS 可以吸收 73.6% 的二氧化碳（图 6-19）。自 2035 年煤电行业引进 CCUS 技术，前期煤电行业生产规模较大，总能源使用量和排放量相对较多，同时碳捕集率增长速度较快，促使煤电行业碳捕集量持续增加，2046～2049 年煤电行业碳捕集量达 8 亿吨。后期随着输配电部门用能需求向清洁能源转变、用能效率不断提升，煤电行业生产规模大幅下降，带动煤电行业排放量相应降低，同时碳捕集率增幅逐渐放缓，也会促使二氧化碳捕集量减少，最终到 2060 年煤电行业碳捕集量为 4 亿吨。

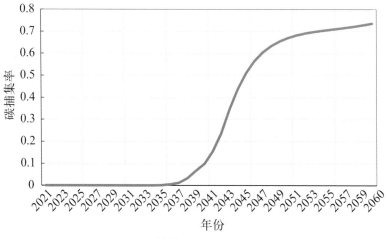

图 6-19　政策情景下煤电碳捕集率变化

6.2.5　能源强度和碳排放强度

能源强度与碳排放强度快速下降。图 6-20、图 6-21 展示了基准情景与碳中和政策情景下，能源强度与碳排放强度的变化。由于模型设定当碳价达到每吨 226.2 元后，煤电行业才开始使用 CCUS 技术进行减排，因此在"十四五"和"十五五"期间，CCUS 技术尚未开始使用，基准情景和碳中和情景的强度指标基本相同。整体而言，能源强度在基准情景与碳中和情景下均将快速下降，相对于 2020 年，"十四五"期间可分别下降 21% 和 22%，到 2030 年将分别下降 37% 和 37.3%。在基准情景与碳中和情景下，碳排放强度在"十四五"期间可分别下降 23% 和 25%，到 2030 年将较 2020 年分别下降 42% 和 44%。这些结果显示中国很有希望实现"十四五"和"十五五"期间的"双强度"目标。

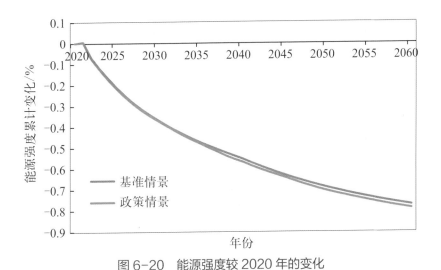

图 6-20 能源强度较 2020 年的变化

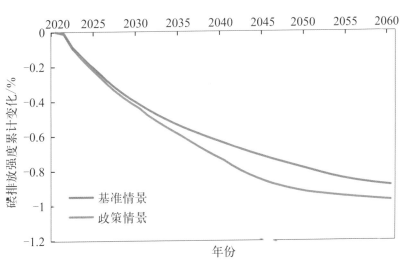

图 6-21 碳排放强度较 2020 年变化

6.2.6　煤炭行业脱碳

碳捕集、利用与封存技术显著减少煤电部门排放量，延缓煤电部门退出市场。图 6-22 展示了 CCUS 技术对煤电行业减排的影响，在基准情景中煤电行业引入 CCUS 技术可以使煤电 2060 年碳排放量从 18 亿吨下降至 8 亿吨。而在碳中和情景下，如果不引入 CCUS 技术，则需要使用更强的政策约束，通过碳税、能效改进和电气化三类减排措施，使煤电 2060 年碳排放量下降至 7 亿吨。虽然两个情景下煤电行业 2060 年均可以减排至相似程度，但对煤电行业的影响却存在显著差异。由图 6-23、图 6-24 可知，在仅引入 CCUS 技术的基准情景中，煤电行业发电量不会受减排措施冲击出现显著下降，到 2060 年煤电发电量占电力部门总发电量的比例约 27%，累计发电量为 194 万亿千瓦·时；但在考虑三类减排措施的碳中和情景中，受更强的政策约束影响，煤电将以更快的速度退出市场，到 2060 年煤电发电量占电力部门总发电量的比例约为 11%，累计发电量为 153 万亿千瓦·时。并且，从图 6-25 可以发现引入 CCUS 后，煤电部门可以在 407 元 / 吨二氧化碳的碳税水平下达到与考虑碳税、能效改进和电气化三类减排措施情景下相近的减

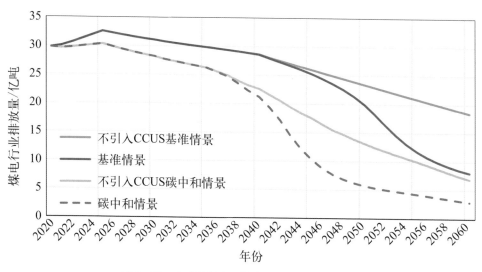

图 6-22　不同情景下煤电行业脱碳路径比较

排量，但后者需要以 1662 元 / 吨二氧化碳的碳税价格实现，这说明碳捕集、利用与封存技术可以降低煤电部门减排需要的政策强度。

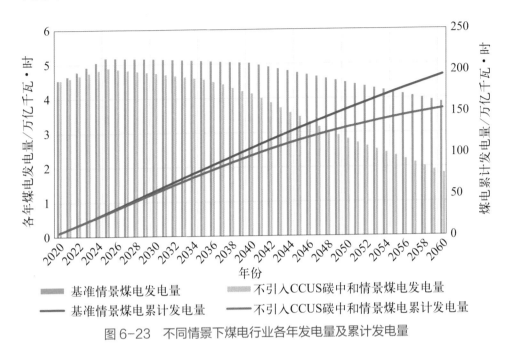

图 6-23 不同情景下煤电行业各年发电量及累计发电量

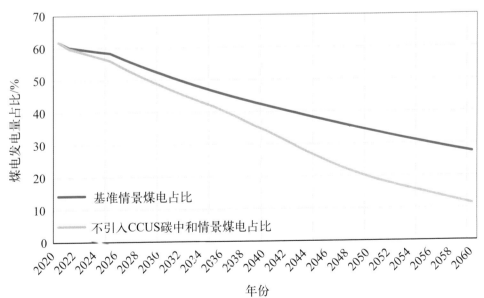

图 6-24 不同情景下煤电行业发电量占总发电量比例

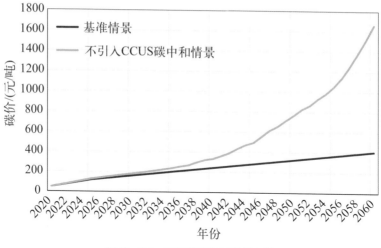

图 6-25　不同情景下碳税比较

6.3　煤电 CCUS 的经济社会效益影响分析

6.3.1　宏观经济分析

碳中和对于中国经济总量的影响较小。图 6-26 展示了政策情景下实际

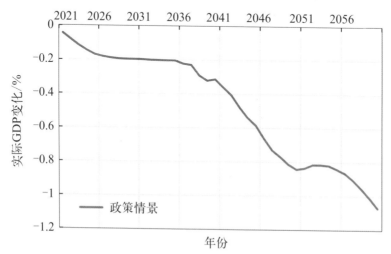

图 6-26　碳中和政策情景下实际 GDP 累计偏离变化

GDP 的变化，在基准情景中宏观经济变量由外生控制，政策情景中宏观经济变量由内生决定。可以发现在考虑清洁能源替代和 CCUS 技术的政策情景中到 2060 年实际 GDP 相对基准情景的累计变化为 −1.07%。

在政策情景中，实现碳中和目标对 GDP 有小幅负面影响，CCUS 技术将缓解 GDP 损失。短期内受碳税政策及化石能源产品价格上涨影响，下游需求减少导致其产出收缩，就业率下降，经济受到负面冲击，GDP 累计下降；长期来看，能源需求向清洁能源转型以及整体用能效率改进都将影响化石能源行业及下游钢铁、水泥、建筑、房地产等资本密集型部门产出相应收缩，抑制整体生产和投资规模，导致资本回报率降低，资本积累不断下降，带动 GDP 出现更大幅度下滑。除此之外，在政策情景中，煤电行业引入 CCUS 技术，将缓解碳中和目标下 GDP 的损失。从行业平稳有序发展和经济社会公平稳健转型的角度出发，煤电结合 CCUS 技术的规模化应用在煤基能源产业持续发展和稳定行业产业等方面体现出综合效益，可以更加平衡协调好经济社会效益与绿色低碳转型等多元目标。煤电通过将生产技术研发投入资金转移至改进减排技术，使单位能耗的排放量下降，进而使煤电排放总量减少，这将使各行业获得更大减排空间，因此在既定碳排放约束下减排成本下降，碳税水平小幅降低。图 6-27 对比了碳中和政策情景及煤电不引

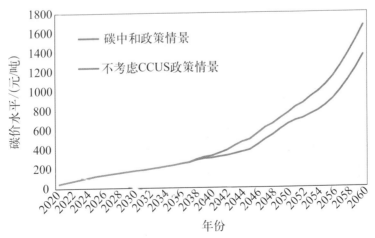

图 6-27　碳中和政策情景和不引入 CCUS 政策情景下碳价变化

入 CCUS 技术的政策情景下碳税水平逐年变化趋势，可以发现 CCUS 技术显著降低了碳税，2060 年碳价从 1662 元 / 吨下降到 1356 元 / 吨。碳价水平的降低意味着化石能源受碳税打击减小，化石能源产品价格涨幅缩小，下游需求降幅减小，刺激高碳排放部门的生产和投资，并不断形成资本积累，使 GDP 损失减弱。与基准情景相比，最终考虑四项减排政策综合影响下，政策情景 2060 年实际 GDP 将累计下降 1.07%。

　　碳中和政策对就业的总体影响较小。在政策情景中，虽然短期内受化石能源产出减少的负面影响，劳动力需求降低，导致就业率下降，但是长期内在碳价作用所导致的经济下行压力下，实际工资将会下降以保证就业水平逐步回归均衡状态，最终 2060 年就业率累计变化为 −0.03%（图 6-28），实际工资水平虽然相对下降更多，但也仅为 −0.2%。图 6-29 展示了 2060 年碳中和情景中就业量变化最显著的行业。在 2060 年，就业量受损行业主要是化石能源行业和高耗能行业，煤炭行业相对基准情景损失的就业人数最多，达 37.8 万人。而电力部门及其主要关联行业是就业量受益的主要行业，电力部门相对基准情景增加的就业人数最多，达 40.6 万人。全国就业人数碳中和情景相比基准情景增加 12.4 万人，但这些变化在全国就业人数中占比微小。

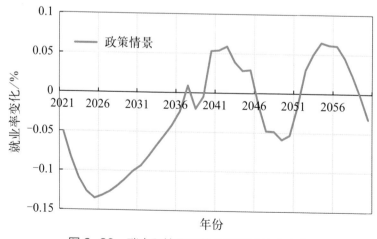

图 6-28　碳中和情景下就业率累计偏离变化

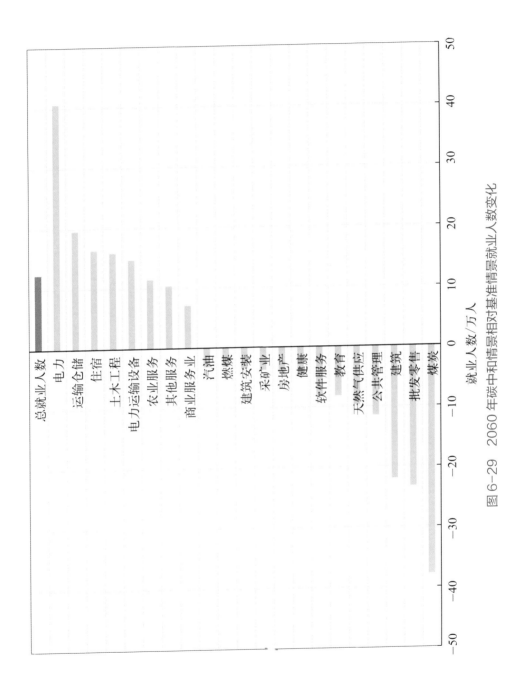

图6-29　2060年碳中和情景相对基准情景就业人数变化

　　碳中和政策对投资和资本积累负面影响微弱。资本存量同时受到两方面影响，一方面高排放部门产品价格上涨导致下游需求收缩，从而抑制其生产和投资规模，使资本积累减少；另一方面，可再生能源发电部门受价格替代效应影响生产规模快速扩张，同时政策情景下各行业电气化水平增加，对可再生电力的需求增加也会提升其产出，从而刺激可再生能源发电部门扩张生产和投资规模，资本回报率增加，投资和资本积累相应增加。短期内，可再生能源产出快速增长，会使资本积累小幅增加，但随着碳税负面影响加剧，化石能源及其下游高排放部门产出收缩，会使资本积累出现下滑，最终2060年资本积累累计下降0.7%，投资累计下降1.4%（图6-30）。

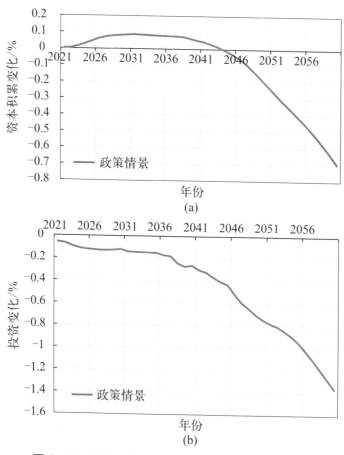

(a)

(b)

图6-30　碳中和情景下资本积累和投资的累计偏离

由图 6-31～图 6-33 可知，受物价上涨影响，中国贸易条件相对改善，居民消费和政府支出出现小幅下降。在政策情景中，碳税政策使化石能源下游部门的生产成本增加，通过行业间传导效应导致国内物价水平整体增加，物价相对基准情景累计上涨 0.28%。国内物价上涨也意味着实际汇率升值，从而导致出口下降 0.39%。进口量受两方面影响，一方面国内总需求下降导致对进口品的需求下降，另一方面国内价格相对进口价格变高，这导致进口

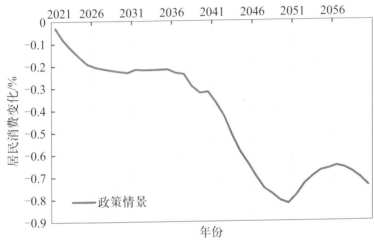

图 6-31　碳中和情景下居民消费累计偏离

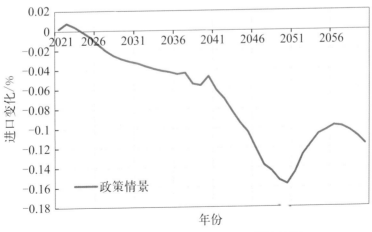

图 6-32　碳中和情景下进口贸易累计偏离

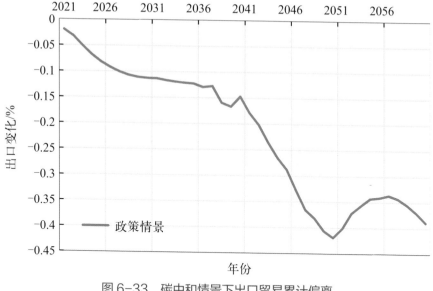

图 6-33　碳中和情景下出口贸易累计偏离

替代增加。综合来看，进口量经历前期小幅上升中后期持续下降的过程，到 2060 年，相对基准情景下降 0.12%。在物价水平持续上涨影响下，居民消费需求受抑制而出现小幅降低，政府支出又与居民消费保持固定变动比例，因此政府支出将同比例下降，降幅均为 0.74%。

6.3.2　行业产出分析

图 6-34、图 6-35 展示了碳中和政策情景下行业产出变化路径。政策情景中，增加最多的三个行业分别是海上风电（74%）、太阳能发电（71%）和陆上风电（62%）。第四至六位的分别是生物质能发电（24%）、输配电（12%）和电力传输器材（6%）。下降幅度最高的 10 个产业分别是煤炭（-53%）、煤电（-49%）、天然气供应（-42%）、天然气发电（-41%）、成品油（-36%）、燃煤（-32%）、管道运输（-31%）、石油（-30%）、天然气（-27%）、采矿服务（-21%）。其他行业产出受影响较小，均在 -3% ～ 4%。

在政策情景中，由于能源行业直接受到冲击，因此是产出影响最显著的

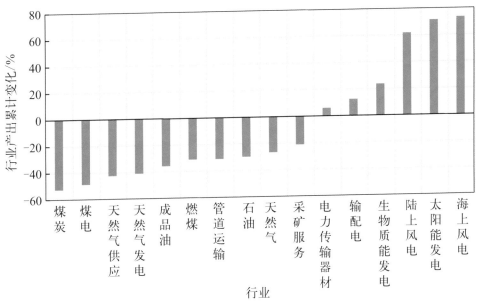

图 6-34　受益 / 受损最大的 16 个行业的产出累计偏离变化

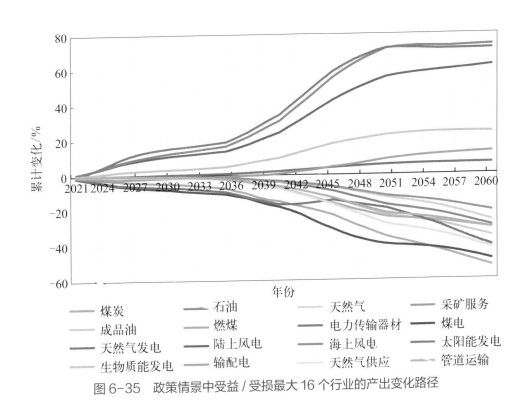

图 6-35　政策情景中受益 / 受损最大 16 个行业的产出变化路径

行业类型。能源行业将受到两方面的影响：一方面是直接冲击，化石能源部门受总排放量限制影响，碳价水平不断提升，导致产出收缩；另一方面是间接传导，化石能源行业产品价格上升会使可再生能源发电行业具有价格竞争优势，受其价格替代效应影响，可再生能源发电行业产出扩张。同时对于输配电部门而言，前期化石能源发电占比较大，受碳价提升影响生产成本增加，产出收缩；后期化石能源生产规模逐步被可再生能源发电替代，生产成本相对下降，产出重新扩张，最终累计产出增加。具体而言，海上风电、太阳能发电和陆上风电作为最具潜力的可再生能源部门，是后期替代煤电生产的主要部门，和煤电间的替代弹性较高。随着化石能源发电部门碳税不断提升，价格替代优势增加，产出大幅扩张，与 2060 年的基准情景相比，在政策情景中分别扩张 74%、71% 和 62%。尽管生物质能发电也存在价格替代优势，但由于模型中稳定电源在同一层嵌套替代，即风电和太阳能发电更容易与化石能源发电进行替代，因此生物质能发电产出仅累计增加 24%。煤电、天然气发电由于碳税政策影响产品价格提升，直接导致需求减少，产出收缩，在政策情景中，产出分别累计下降 -49% 和 -41%。同时天然气、石油、天然气供应、成品油等非电力能源部门也受到碳税提升的负面影响导致产品价格上涨，下游需求减少，产出收缩，产出下降在 -53% ~ -27% 之间。输配电部门由于前期生产投入中化石能源发电占比较大，产出有小幅收缩，后期可再生能源部门占比逐渐增大后，产出才逐渐增加，因此到 2060 年产出累计仅增加 12%。

非能源行业受影响的程度相对较小，与 2060 年的基准情景相比，143 个非能源行业生产规模平均收缩 0.6%。电力传输器材、管道运输和采矿服务三个部门产出受影响幅度较大，产出变化分别为 6%、-31% 和 -21%，其余部门产出变化均在 -3% ~ 4%。电力传输器材是电力部门的主要关联行业，被用于各类发电部门发电量的运输，随着输配电部门产出扩张，直接拉动其生产规模增加。采矿服务和管道运输均是化石能源的主要上游行业，其中采矿服务业产出的 81% 用于开采原油、天然气和煤炭，因此化石能源产出下降直接影响采矿服务业生产，而管道运输的产出 95% 用于运输成品油，因此成品油产出下降对管道运输有显著影响。

6.4 本章小结

本章采用 ITEAM-CCUS 模型及 CHINAGEM-E 模型，量化评估了实现 2060 年碳中和战略目标对经济、能源和环境的影响。研究设定了考虑能效改进、碳税、电气化水平提升、引入煤电 CCUS 技术四类减排措施的碳中和政策情景，分析了综合措施对能源电力、绿色低碳和经济社会三方面的影响与相应机理。从产业与宏观经济层面来看，CCUS 技术引入可以扩大煤基能源消费空间、促进产业更加平稳及持续发展，减少由于碳排放约束对经济社会系统的冲击；支撑构建煤炭与新能源优化组合与协同耦合发展的新型能源电力系统，更加协调平衡好"低碳—经济—安全"的能源三角关系。

6.4.1 煤电结合 CCUS 技术助力实现碳中和目标

中国要用 40 年时间实现碳中和目标，将面临巨大挑战，需要经过碳排放达峰期—平台期—减排期—攻坚期四个阶段才能最终实现。研究显示，中国二氧化碳总排放预计在 2025 年达峰，峰值约 110 亿吨二氧化碳。综合四项减排措施，到 2060 年二氧化碳排放总量约 17 亿吨。由于目前仅考虑煤电行业 CCUS 技术，后期煤化工、钢铁等相关行业逐步引入 CCUS 技术将逐步实现净零排放目标，从终端部门排放来看，工业部门排放量逐年下降速度较快，后期占比较小，而建筑部门和交通部门的减排速度相对减小，后期是主要排放部门。电力行业是减排程度最大的行业，清洁电力大幅替代化石能源发电，同时受 CCUS 技术影响，煤电行业净排放不断减少，到 2060 年仅有0.2亿吨碳排放。从能源品种看，未来煤炭利用依然是碳排放的主要来源，在2024年前后达到峰值约79亿吨后逐年降低，到2060年煤炭产品排放占总排放的比例约为31%。汽油碳排放较为稳定，在2030年达到峰值17亿吨二氧化碳后逐年下降，占碳排放总量的比例逐年缓慢增加，天然气与天然气供应碳排放分别在2040年与2030年前后达峰，占碳排放总量的比例逐年增加。

CCUS技术或将成为决定未来化石能源产业发展空间与能源系统转型的重要因素。CCUS不仅是目前实现化石能源低碳化利用的主要技术选择，也是保持电力系统灵活性与稳定性的主要技术手段，是钢铁水泥等难以减排行业低碳转型的可行技术选择。从减排效益来看，研究结果表明，煤电CCUS技术从2035年至2060年累计吸收二氧化碳约121亿吨，使煤电在2060年碳排放量下降至8亿吨，接近于能效改进、碳价改革、电气化水平提升这三种减排措施共同发力的效果，可见煤电CCUS技术的应用将产生较大的减排收益，助力煤基能源的清洁高效利用转型。从煤电生存空间来看，CCUS技术的引入能够在较大程度上缓解煤电产业的减排压力，提高煤电生存空间，延缓煤电退出，协助煤炭能源以"主体能源—基础能源—保障能源—储备能源"的地位转变，同时提高我国电力供给结构的稳定性，为我国兼顾能源低碳转型与经济高质量发展提供可靠技术支撑。从政策实施强度来看，煤电CCUS技术的应用可以保证煤电行业以较低的碳税成本达到既定减排效果，从而降低煤电行业的减排政策实施强度。

应当看到，在2060年碳中和的目标框架下，中国不可能完全抛弃自身的煤炭资源优势，而是需要为庞大的煤基能源产业寻找顺应潮流的出路，中国从化石能源为主体的能源结构向低碳多元供能体系的转变依赖于CCUS技术的广泛应用。当前，我国煤基能源产业结合CCUS已经具备技术条件要求，随着CCUS项目的部署示范，其规模化应用也逐渐具备经济可行性。总结来讲，CCUS技术与煤基能源体系呈现出相互契合、协同互补的耦合发展态势。作为未来煤基能源优化转型以保障"双碳"目标实现的重要途径，在支撑经济发展、应对气候变化与保障能源安全的多重目标下，CCUS技术是基于特定国情禀赋实现中国大规模深度减排的必然选择。因此，中国需要进一步加强顶层机制设计，尽快出台和完善财税金融政策与市场化机制，开展CCUS与煤基能源体系耦合的大规模示范，优化产业布局，主动探索CCUS项目发展的商业模式，抓住现代煤化工这一高浓度碳源的早期机遇。

6.4.2　煤电结合CCUS技术助力平稳迈向清洁转型

能源转型是实现碳中和目标、应对气候变化的关键环节。实现碳中和目标，必须加快构建清洁低碳的现代能源体系。实现能源转型的重要策略中，电气化是能源清洁高效利用的必由之路，电源结构的清洁化和电能替代将助力能源系统实现平稳转型。未来，我国应加快绿能替代领域的技术研发和推广应用投入，重点在电力系统的生产、储存和调度，以及新能源相关材料领域的先进技术突破和广泛应用。加快解决钢铁、化工和石化、水泥和石灰等工业领域生产过程脱碳和能源使用中的脱碳技术难题。

中国仍处于经济社会较快发展阶段，能源消费规模总量持续增长，能源消费结构逐渐向绿色低碳转型。研究结果显示，从能源消费总量来看，中国一次能源消费总量短期内快速增长，在碳中和目标中期达到峰值后，逐步下降并进入平缓期，2060年消费57亿吨标准煤。从能源消费结构来看，整体呈现煤炭能源消费占比显著下降、清洁能源占比快速提升的趋势，到2060年，清洁能源消费占比增长至71%以上。非化石能源的一次能源消耗占比在2020～2030年间从17%增长到将近25%，符合国家发展规划的引导和约束，平均每年增加非化石能源大约6170万吨标准煤。

持续提高终端电气化率是构建现代能源体系的重要方向，同时电力生产结构逐步清洁化。从电力供需发展趋势来看，电力需求持续攀升且增速高于一次能源消费，电力消费总量在碳中和目标实现过程中将会翻一番，大部分新增电. 力需求主要由清洁能源电力满足；电力在终端能源需求中所占比例将从 2020 年的 30% 上升至 2060 年的 66% 以上。由于 CCUS 技术扩大煤电的排放空间，为满足电力需求煤电还是会占据总发电量中一定的份额，清洁能源发电占比由 2020 年的 35% 提升至约 84%，其中风光能源占比逐年增加，在 2060 年前超过煤电。

6.4.3 煤电结合 CCUS 技术助力经济社会公平转型

政策情景下，碳税政策提高物价水平，CCUS 技术引入扩大燃煤排放空间，碳中和目标对 GDP 增长有小幅负面影响。模型测算结果显示，由于实现"双碳"目标过程中的"碳约束"限制，必然会影响经济社会各部门的发展，而 CCUS 技术的引入可以缓解减排措施带来的负面影响，减少经济损失。在基准情景和政策情景下，GDP 增长趋势都逐渐放缓，为达到碳中和目标政策情景相较于基准情景 GDP 累计损失 1.07%。

减排政策冲击到相关高碳产业，造成消费、投资、就业和贸易的损失。物价水平随着化石能源及其关联产业的生产成本提高而上升，政策情景下整体物价水平相对基准情景累计上涨 0.28%；物价水平提高和收入水平降低将改变居民的消费习惯和产品需求量，从宏观角度观察，居民的消费总量降低了 0.74%；政策情景对就业的整体影响很小，虽然就业率短期受化石能源产出减少的负面影响而降低，但在长期内实际工资下行促进就业水平逐步回归均衡状态，最终 2021 ~ 2060 年间全国就业率仅累计下降 0.03%；2060 年碳中和情景相比基准情景就业人数增加 12.4 万人，煤炭行业损失的就业人数最多，达 37.8 万人，电力部门相对基准情景增加的就业人数最多，达 40.6 万人，总体变化微小；进出口贸易量受国内总需求和物价的负面影响而出现一定程度的下降，但进口产品由于价格优势下降幅度较小，至 2060 年进口量累计下降 0.12%，而出口量累计下降 0.39%。

碳中和目标下，能源产业产出变化最为显著，非能源行业生产规模平均仅收缩 0.6%。碳税政策导致高耗能行业的生产成本显著增加，电力部门中煤电和天然气发电的成本在高昂碳价的排放约束下大幅度上升，产出分别累计下降 49% 和 41%；而太阳能发电、风电和生物质发电三种主要可再生能源电力部门受相对价格优势影响产出大幅扩张。天然气、石油、天然气供应、成品油等非电力能源部门也受到减排政策的负面影响而使产品价格上涨，产出收缩，整体降幅在 27% ～ 53% 之间。非能源行业中，以电力传输器材为代表的电力关联行业产出受益，而以管道运输和采矿服务为代表的化石能源主要上下游行业产出受损，但整体产出变化较小，143 个非能源行业的平均产出相较于基准情景在 2020 ～ 2060 年间累计收缩不到 1%。

Toward Carbon Neutrality:
Clean and Efficient Use of Coal,
Transformation and
Development of
Economic Society

碳中和下煤炭清洁高效利用与经济社会转型发展

第 **7** 章

关于推动煤炭清洁
高效利用与经济社会
转型发展的政策建议

7.1 加强顶层政策设计，统筹推进碳达峰与碳中和工作

关于"双碳"工作的顶层设计相继出台，《中共中央　国务院关于完整准确全面贯彻新发展理念做好碳达峰碳中和工作的意见》（以下简称《意见》）、《2030 年前碳达峰行动方案》两份文件，对"双碳"工作进行了系统谋划和总体部署，提出了总体要求和主要目标，明确了重大举措和实施路径，对统一各方面认识、凝聚全社会力量推进"双碳"工作具有重大意义，也为"1+N"政策体系定下了基调。

一是要加快出台行业和领域碳达峰实施方案。碳达峰、碳中和是一场广泛而深刻的经济社会系统性变革，涉及多方面、多领域。《意见》要求，制定能源、钢铁、有色金属、石化化工、建材、交通、建筑等行业和领域碳达峰实施方案。能源是"双碳"行动的主战场，要加快主要能源领域、重点能源企业碳达峰行动方案的制定，为能源绿色低碳转型指明清晰的路径。钢铁、有色金属、建材、化工等工业领域是实现碳达峰、碳中和目标的关键，要加强碳达峰实施方案对工业领域绿色低碳转型和高质量发展的牵引作用。交通运输是碳排放的重要领域之一，要加强行业碳达峰顶层设计，加快形成绿色低碳运输方式。

二是要加强行业和领域碳达峰、碳中和工作的有机协调。碳达峰、碳中和是一项全局性、系统性工作，各行业和领域间相互关联，特别是各能源行业之间"双碳"工作是一个有机整体。要以碳达峰、碳中和为总目标，落实党的十九届五中全会精神，以及我国"十四五"规划纲要，加强各级政府产业政策、财税金融政策、碳市场碳交易政策的统筹协调，充分发挥行业协会和龙头企业作用，深化煤炭、电力、钢铁、冶金、建材、化工、交通等各行

业领域的合作，强化指标制定，深化数据分析，制定务实举措，把握好率先达峰、稳定达峰和有序达峰的节奏，形成高质量的、有机协调的行业碳达峰方案和碳中和路径。

三是要注重碳达峰与碳中和工作的有序衔接。碳达峰是碳中和的基础和前提，达峰时间早晚和峰值高低直接影响碳中和实现的难度和快慢，碳达峰的结构决定碳中和路径的选择。碳中和是远期目标和长期任务，碳达峰是阶段性目标任务，需在碳中和目标的指引下开展。因此，政策层面，需确保2030年前碳达峰与整体碳中和进程相衔接，制定合理的行业达峰值，确定科学的达峰时间和方式，指导能源行业稳健达峰，鼓励工业领域率先达峰，交通运输领域持续绿色转型。地方和区域要结合资源禀赋、产业布局、发展阶段等，"坚持全国一盘棋"，科学制定地区碳达峰方案，提出符合实际、切实可行的碳达峰时间表、路线图、施工图。不同企业要结合发展实际，制定合理的达峰方案和实施路径，既不攀高峰，也不抢跑。

7.2　强化科技创新引领，助力能源绿色转型与深度脱碳

科技创新是同时实现经济社会发展和碳达峰碳中和目标的关键，技术条件没有明显改善的条件下，减碳工作必然会压缩经济增长的空间。因此，要围绕绿色低碳发展关键核心技术，创新科研攻关机制，切实发挥科技在碳达峰碳中和中的战略支撑作用，高质量如期实现碳达峰碳中和。立足我国国情实际，能源领域尤其是煤基能源绿色转型与深度脱碳，是科技创新引领碳达峰碳中和的重中之重。

一是要强化煤基能源绿色低碳基础研究和前沿技术布局。研究制定科技支撑煤基能源领域碳达峰、碳中和行动方案。瞄准国际前沿，抓紧部署实施一批具有前瞻性、战略性的国家重大前沿科技项目，推动煤基能源领域低碳

零碳负碳技术装备研发取得突破性进展，做好核心技术支撑储备。加强科技资源整合，加快推进煤炭开发利用颠覆性技术攻关，探索节能低碳型煤炭开采方法、煤炭材料化利用原理与机理、煤炭与新能源耦合利用原理、煤炭利用CCUS新原理等，研发废弃煤矿地下空间碳封存、CO_2矿化发电、CO_2制化工产品、与矿区生态环保深度融合的碳吸收等新型用碳、固碳、吸碳技术与装备，深化应用基础研究，破解煤基能源低碳发展的"卡脖子"技术问题。

二是要强化煤炭清洁高效利用技术创新政策引导。在国家重点研发计划中设立煤炭消费领域碳达峰碳中和关键技术研究与示范等重点专项。完善煤炭消费领域技术创新投融资机制，强化对低碳关键技术研发和示范应用的支持。强化企业创新主体地位，支持企业承担国家绿色低碳重大科技项目，鼓励企业自主投入开展能源重大关键共性技术、装备和标准的研发攻关。充分利用"煤炭清洁高效利用专项再贷款"，开展前瞻性技术研究与推广，建设国家级技术创新平台和中试基地，提高低碳技术成果转化率，加快实现低碳技术应用和推广。将绿色低碳技术创新成果纳入煤炭行业高等院校、科研单位、国有企业有关绩效考核。借力国家绿色技术交易中心建设，加快煤炭消费领域创新成果转化。加强煤炭绿色低碳技术和产品知识产权保护。完善煤炭绿色低碳技术和产品检测、评估、认证体系。

三是要加大促进煤炭领域CCUS发展政策协同支持和大规模商业化示范。在国家有关部门联合制定的支持CCUS发展的指导意见中，针对制约煤炭领域CCUS发展的梗阻点和牵引发展的着力点，加快制定强有力的财税激励和金融支持政策、科技创新支持政策、碳定价政策、CO_2运输与储存等相关管理标准规范、地下封存空间勘探开发许可和环境安全监管法律法规等。同时，加快开展煤炭领域大规模CCUS商业化示范。目前我国已开展的CCUS示范工程规模较小，一般在万吨到十万吨级。面向未来碳中和目标，亟待开展百万吨甚至千万吨级的大规模CCUS示范工程。可考虑在利用封存条件好，同时又具有较多排放源的区域，加速开展煤炭领域CCUS产业化集群建设，尽早部署百万吨级CCUS全流程示范项目，尽快形成全流程工程技术的优化方法，并以驱油／气、固废矿化、化工利用等 CO_2 利用技术的大规模示范为牵引，大力支持煤炭领域 CCUS 产业示范区建设，通过强化管网和封存基础设施复用共用，大幅降低项目运行成本，抢占全球 CCUS 发展制高点。此外，还要加强煤炭领域 CCUS 技术研发能力建设与国际交流合作。支持新一代 CCUS 技术研发示范，将其纳入国家科技计划和相关产业发展规划，建设国家重大基础设施研发平台，深入开展煤炭领域 CCUS 技术的国际交流合作，探索将其纳入碳排放权交易市场。

7.3　深化体制机制改革，营造有利于煤基能源转型升级的市场环境

体制机制改革是实现碳达峰碳中和的关键一招，实现碳达峰、碳中和是一场硬仗，也是对深化体制机制改革的一场大考。实现能源领域绿色低碳发展，在构建清洁低碳安全高效的能源体系过程中，尤为需要深化电力体制改革，优化能耗双控制度，更好发挥市场在优化资源配置、推动能源绿色转型中的重要作用。

一是深化煤电体制改革。加快理顺煤电价格形成机制，有序放开全部燃煤发电电量上网电价，扩大市场化交易电价上下浮动范围，将效率和成本切实反映在上网电价当中，保障煤电企业收益相对稳定；在保持居民、农业、公益性事业电价稳定的基础上，推动工商业用户全部进入市场，进一步增加电力市场交易主体数量、扩大交易规模，以更充分地反映出电力供求关系变化，加快确立市场在电力资源配置中的决定性作用。深化供热价格市场化改革，加强热力成本监审和测算，严格规范价格行为，开展煤热价格联动，做好供热价格管理工作，加快推进供热计量改革和按供热量收费。制定灵活改造补偿机制及辅助服务市场细则，给予企业收益预期，引导和激励更多的机组实施灵活性改造、热电解耦改造，推动更多煤电企业主动调整市场定位；

同时，创新市场机制，进一步完善电力市场、丰富电力市场产品，体现煤电机组的安全保障和灵活调节价值，推动煤电盈利方式由传统"提高利用小时数"思维转变为"保供稳供"融合发展模式，加快推动煤电延寿和提供安全备用的相关机制和技术研究，为碳达峰后推动高效长寿命煤电转为安全备用做好储备。

二是优化煤炭和能源消费控制制度，稳步转向碳排放控制。一方面要完善考核规则与配套政策。将对各地能源双控目标的首次考核时间由 2021 年延长至 2022 年或 2023 年，为地方压缩产能、企业节能改造腾出时间；加强对各地区和重点企业能源消费的监测预警，并为相关地区和企业提供解决方案指导。允许企业通过参与全国碳市场购买配额或核证减排量填补能耗指标缺口。制定产能、能耗和碳排放同步转移交易的机制。针对利益受损企业出台补偿性财税和金融政策。另一方面尽快调整能耗核算规则，探索逐步将煤炭作为原料而非燃料的消费量在能耗指标中扣除；参考煤电能耗计算规则，将煤制油气的能耗由生产地调整到消费地。尽快设计制定"双碳"考核体系和管理办法，持续夯实碳双控工作数据基础，稳步推动能源双控向"碳双控"过渡。"十四五"时期重点控制化石能源消费，并在一些地区开展碳排放总量控制试点，力争"十五五"时期在全国实施碳排放总量控制，在过渡期可推动两者同分解、同落实、同考核。

三是建立健全多层次的市场化机制和激励机制。完善碳市场和电力市场交易，将二氧化碳排放外部性反映到碳价格，加快形成具有合理约束力的碳价机制，并建立碳价格从生产端到用户端的传导机制，实现成本最优的减排路径。健全电力交易市场化机制，在交易组织、合同签订、合同分解执行等环节中，充分考虑煤电机组煤耗水平，引导节能减排指标好的煤电机组多签市场化合同；建立机组发电量与能耗水平挂钩机制，促进供电煤耗低的煤电机组多发电；加快健全完善辅助服务市场机制，使参与灵活性改造制造的调峰机组获得相应收益。做好碳市场基础制度建设，包括高能耗行业碳排放数据排查摸底和统一归口管理，同时进一步储备研究碳市场可交易品种，尽快探索出台煤化工、钢铁等国家重点煤耗或碳排放产业能耗或碳排放单列管理办法，进一步完善重点产业能耗和碳强度标准，并尽快将其纳入碳市场。加强电力交易、用能权交易和碳排放权交易等市场机制间的统筹衔接；发展市场化节能方式，推行合同能源管理，推广节能综合服务。面向不同主体，谋划建立"主要排放源依托碳交易、消费者及分散排放源依托碳税、产品和生产工艺环节依托标准"的激励机制体系。

7.4　强化能源兜底能力，确保煤炭高质量发展与"双碳"目标顺利推进

只有立足于我国富煤贫油少气的能源资源禀赋，发挥好煤炭、煤电兜底保供的基础性作用，才能推动能源转型平稳过渡，确保安全降碳和"双碳"目标顺利推进。

一是要牢牢把握煤炭主体能源地位，多措并举提升煤炭兜底保供能力。适度提升煤炭资源开发力度，优化调整煤炭产能置换政策、置换比例，资源配置向开采技术优、保供责任大的大型央企倾斜，为先进矿区建设大型现代化智能煤矿创造有利条件，提升全国煤炭产能冗余度，增强煤矿生产弹性。建立煤炭应急产能制度，为一些具备条件的煤矿配置应急产能并实行产能置换指标减免，允许在保供期间释放应急产能。统筹好当前和长远、保供与转型的关系，尽快出台煤炭行业高质量发展指导意见和实施方案。

二是要加快提升煤炭产需平衡能力和突发事件灵活应对能力。引导煤炭企业充分利用大数据、人工智能、区块链等新一代信息技术，改造企业生产管理体系，推动订单式生产。建立突发事件应对机制，构建跨部门、跨区域动态联动机制，针对国际能源合作等可能面临的突发事件，建立多元化煤炭进口渠道和机制。探索建设一批高效、智能的可"低成本运转、宽负荷生产"的"柔性煤矿"，增强短时间内煤炭产量快速调节能力。

三是要支撑电力转型和可再生能源发展。加快调整煤电发展思路，大力支持和提升煤电更多承担系统调峰、调频、调压和备用功能。建议在"十四五"窗口期，允许部分地区尤其是缺电区域，从能源安全、系统安全和优化布局的角度合理发展清洁高效火电，统筹近中期煤电发展规模及区域安排，"十四五"末煤电总装机规模控制在12.5亿千瓦的峰值。鉴于大机组低负荷运行能耗高并不经济，建议适度放开"上大压小"的限制，新增一批高参数、能耗低、小体量的"容量电厂"和"调峰电厂"。

四是要加快发展煤炭生产消费与新能源耦合发展新模式。以偏远煤矿区煤炭开采为基础，加快发展与风电、光伏、核能、热力和天然气等新能源协同发展的清洁能源基地，推进多种电力能源的协同高效开发利用；研究制定促进煤炭与新能源耦合利用的税费优惠、贷款支持等政策，支持煤炭与风、光、生物质等新能源耦合发电、耦合燃烧、耦合化学转化的技术研发、工程项目示范与产业化发展。鼓励支持关闭煤矿发展分布式"光伏＋农业、养殖业、畜牧业"。鼓励煤炭转化利用与新能源制氢、二氧化碳捕集利用和封存耦合发展。探索 CO_2 制取甲醇、甲烷、甲酸、丁二酸、烯烃等资源化利用示范。探索煤矿区碳封存，支持建设煤炭与新能源协同发展创新示范基地和碳中和示范矿区。

[1] 陈新伟，赵怀普，欧盟气候变化政策的演变 [J]. 国际展望，2011(01): 61-74, 128-129.

[2] 翟凡，冯珊，李善同. 一个中国经济的可计算一般均衡模型 [J]. 数量经济技术经济研究，1997(03): 38-44.

[3] 董敏杰，李刚. 应对气候变化:国际谈判历程及主要经济体的态度与政策 [J]. 中国人口·资源与环境，2010, 20(06):9.

[4] 段志刚，李善同. 北京市结构变化的可计算性一般均衡模型 [J]. 数量经济技术经济研究，2004(12): 9.

[5] 高小升. 欧盟气候政策研究 [M]. 北京：社会科学文献出版社，2014.

[6] 国际能源署. 中国能源体系碳中和路线图 [R]. 2021.

[7] 杭雷鸣. 我国能源消费结构问题研究 [D]. 上海：上海交通大学，2011.

[8] 姜晓群，周泽宇，林哲艳，等. "后巴黎"时代气候适应国际合作进展与展望 [J]. 气候变化研究进展,2021,17(04):484-495.

[9] 寇静娜，张锐. 疫情后谁将继续领导全球气候治理——欧盟的衰退与反击 [J]. 中国地质大学学报(社会科学版)，2021, 21(01): 87-104.

[10] 李继峰，郭焦锋，高世楫，等. 我国实现2060年前碳中和目标的路径分析 [J]. 发展研究，2021, 38(04): 37-47.

[11] 刘宇，蔡松锋，张其仔. 2025年、2030年和2040年中国二氧化碳排放达峰的经济影响——基于动态GTAP-E模型 [J]. 管理评论，2014, 26(12): 3-9.

[12] 美国石油公司. 世界能源统计年鉴 [R]. 2021.

[13] 全球能源互联网发展合作组织. 中国2060年前碳中和研究报告 [R]. 2020.

[14] 汤维祺，钱浩祺，吴力波. 内生增长下排放权分配及增长效应 [J]. 中国社会科学，

2016(01): 60-81, 204-205.

[15] 王飞，郭颂宏，江崎光男. 中国区域经济发展与劳动力流动——使用区域连接CGE模型的数量分析 [J]. 经济学（季刊），2006, 5(3): 1067-1090.

[16] 魏宁，刘胜男，李桂菊，等.CCUS对中国粗钢生产的碳减排潜力评估 [J]. 中国环境科学，2021, 41(12): 5866-5874.

[17] 项目综合报告编写组.《中国长期低碳发展战略与转型路径研究》综合报告 [J]. 中国人口·资源与环境，2020, 30(11): 1-25.

[18] 许召元，李善同. 区域间劳动力迁移对经济增长和地区差距的影响 [J]. 数量经济技术经济研究，2008, 25(2): 15.

[19] 于宏源. 自上而下的全球气候治理模式调整：动力、特点与趋势 [J]. 国际关系研究. 2020,(01).

[20] 张贤，李凯，马乔，等. 碳中和目标下CCUS技术发展定位与展望 [J]. 中国人口·资源与环境，2021, 31(09): 29-33.

[21] 张欣. 可计算一般均衡模型的基本原理与编程 [M]. 上海：格致出版社，2010.

[22] 郑玉歆，樊明太. 中国CGE模型及政策分析 [M]. 北京：社会科学文献出版社，1999.

[23] 中华人民共和国国家统计局. 中国统计年鉴 [M]. 北京：中国统计出版社，2021.

[24] 庄贵阳，薄凡，张靖. 中国在全球气候治理中的角色定位与战略选择 [J]. 世界经济与政治，2018(04): 4-27, 155-156.

[25] Adams P D, Dixon P B, Mcdonald D, et al. Forecasts for the Australian economy using the MONASH model[J]. Long Range Planning, 1994, 10(4): 557-571.

[26] Adams P D, Dixon P B, Mcdonald D, et al. Medium- and Long-run Consequences for Australia of an APEC Free Trade Area: CGE Analyses using the GTAP and MONASH Models [J]. Centre of Policy Studies/IMPACT Centre Working Papers, 1996, 20(20): 395-400.

[27] Adams P D, Parmenter B R. Handbook of Computable General Equilibrium Modeling. Elsevier, 2013: 553-657.

[28] Bergman L . General equilibrium effects of environmental policy: A CGE-modeling approach[J]. Environmental and Resource Economics, 1991, 1(1): 43-61.

[29] Bergman L. Energy policy modeling A survey of general equilibrium approaches[J]. Journal of Policy Modeling, 1988, 10(3): 77-99.

[30] Boyd R, Uri N D. The Cost of Improving the Quality of the Environment[J]. Journal of Policy Modeling, 1991, 13 (1): 115-140.

[31] Conrad K, Schroder M. Choosing environmental policy instruments using general equilibrium models[J]. Journal of Policy Modeling, 1993, 15(5): 521-543.

[32] Cui Q, He L, Liu Y, et al. The impacts of COVID-19 pandemic on China's transport sectors based on the CGE model coupled with a decomposition analysis approach [J]. Transp Policy (Oxf), 2021, 103: 103-115.

[33] Dixon J. The Impact on Australia of Trump's 45 percent Tariff on Chinese Imports[J]. Economic Papers, 2017, 36(3): 266-274.

[34] Dixon P B, Pearson K R, Picton M R , et al. Rational expectations for large CGE models: A practical algorithm and a policy application[J]. Economic Modelling, 2005, 22(6): 1001-1019.

[35] Dixon P B, Rimmer M T. Dynamic general equilibrium modelling for forecasting and policy: A practical guide and documentation of MONASH[J]. Journal of Economic Literature, 2002.

[36] Dixon P B, Rimmer M T. The Government's Tax Package: Further Analysis based on the MONASH Model[J]. Centre of Policy Studies/IMPACT Centre Working Papers, 1999.

[37] Feng S, Howes S, Liu Y, et al. Towards a national ETS in China: Cap-setting and model mechanisms[J]. Energy Economics, 2018, 73: 43-52.

[38] Hazilla M, Kopp R. Social cost of environmental quality regulations: a general equilibrium analysis[J]. Journal of Political Economy, 1990, 98(4): 53-73.

[39] Hertel, Thomas W . Global Trade Analysis[M]. Cambridge University Press, 1997.

[40] Hijam L. International Climate Negotiations: Processes and Politics[J]. International Studies Review, 2020.

[41] IEA. Net Zero by 2050, A Roadmap for the Global Energy Sector[R]. 2021.

[42] Istemi B, Hakan Y. Energy prices and economic growth in the long run: Theory and evidence[J]. Renewable and Sustainable Energy Reviews, 2014(36): 228-235.

[43] Kim E, Kim K. Impacts of regional development strategies on growth and equity of Korea: A multiregional CGE model[J]. Annals of Regional Science, 2002, 36(1):165-180.

[44] Kitou E, Philippidis G. A quantitative economic assessment of a Canada-EU Comprehensive Economic Trade Agreement[J]. Dirasat Educational Sciences, 2010.

[45] Liu Y, Cui Q, Liu Y, et al. Countermeasures against economic crisis from COVID-19 pandemic in China: An analysis of effectiveness and trade-offs[J]. Structural Change and Economic Dynamics, 2021, 59: 482-95.

[46] Mai Y, Dixon P B, Rimmer M. Chinagim: A Monash-Styled Dynamic CGE Model of

China[J]. Centre of Policy Studies/IMPACT Centre Working Papers, 2010.

[47] Partridge M D, Rickman D S. CGE modeling for regional economic development analysis[J]. Economics Working Paper Series, 2007, 44(10): 1311-1328.

[48] Robinson S, Subramanian S, Geoghegan J. Modeling Air Pollution Abatement in a Market Based Incentive Framework for the Los Angeles Basin. Economic Instruments for Air Pollution Control[J]. Economy & Environment, 1994,9(1): 46-72.

[49] Yi X, Throsby D, Gao S. Cultural policy and investment in China: Do they realize the government's cultural objectives?[J]. Journal of Policy Modeling, 2021, 43(2): 416-432.